2020

黑龙江省生态文明建设绿皮书

Green Book of Ecological Civilization Construction in Heilongjiang Province

黑龙江省 生态文明建设发展报告

Development Report of Ecological Civilization in Heilongjiang Province

刘经伟 刘伟杰 等 著

U0199384

中国林业出版社

China Forestry Publishing House

图书在版编目（CIP）数据

2020黑龙江省生态文明建设发展报告/刘经伟等著 . —北京：中国林业出版社，2021. 12

（黑龙江省生态文明建设绿皮书）

ISBN 978-7-5219-1498-6

Ⅰ. ①2…　Ⅱ. ①刘…　Ⅲ. ①生态环境建设–研究报告–黑龙江省–2020　Ⅳ. ①X321. 235

中国版本图书馆 CIP 数据核字（2021）第 281407 号

中国林业出版社·自然保护分社（国家公园分社）

策划、责任编辑：许　玮

电　　话：(010)83143576

出版发行　中国林业出版社（100009　北京西城区德内大街刘海胡同 7 号）

　　　　　http：//www. forestry. gov. cn/lycb. html

印　　刷　河北京平诚乾印刷有限公司

版　　次　2022 年 3 月第 1 版

印　　次　2022 年 3 月第 1 次印刷

开　　本　787mm×1092mm　1/16

印　　张　14. 25

字　　数　280 千字

定　　价　60. 00 元

党的十九大报告指出："建设生态文明是中华民族永续发展的千年大计。"环境就是民生，青山就是美丽，蓝天也是幸福。准确把握黑龙江省生态文明建设的具体情况，总结经验，克服不足，是推动黑龙江省生态文明建设，实现绿色发展的前提和基础。

《2020黑龙江省生态文明建设发展报告》是黑龙江省生态文明建设绿皮书系列的第三部，是黑龙江省生态文明建设与绿色发展智库服务龙江经济社会发展，开展关于黑龙江省生态文明建设状况调查研究的系列著作之一。

为了深入推动美丽龙江建设，黑龙江省生态文明建设与绿色发展智库坚持每年组织"黑龙江省各地市生态文明建设评价"调研组，深入黑龙江省13个地市的机关、社区、企业、农村，通过发放问卷、座谈调研、走访调研等形式，对各地市生态文明建设情况进行调查研究。

本书作为黑龙江省全面的生态文明建设调研报告，凝聚着智库同仁的心血与汗水，也是黑龙江省生态文明建设与绿色发展智库坚持不懈为黑龙江省生态文明建设贡献力量的见证。在本书出版之际，再次向长期以来关心智库发展的黑龙江省委宣传部、省委教育工委领导以及一直对智库给与指导、支持的东北林业大学科学技术研究院领导致以诚挚感谢！

刘经伟

2022年春

目 录

第一部分

黑龙江省各地市生态文明建设情况总体评价

在总结前两年调研经验的基础上，2020 年，"黑龙江省生态文明建设与绿色发展智库"（以下简称"智库"）对黑龙江省生态文明建设进展情况进行了第三次调研。调研与东北林业大学 2020 年大学生志愿者暑期文化、科技、卫生"三下乡"社会实践活动相结合，作为大学生暑期"三下乡"活动的重要选题，获得了师生的广泛关注。

第一节　2020 年调研基本情况

因受新冠肺炎疫情的影响，无法开展现场调研，2020 年智库采取了"云调研"的形式，在招募调研团队的过程中，要求团队成员必须家乡在拟调研地，这样便于开展调研活动。在调研过程中，通过问卷星收集数据，通过电话、QQ 和微信等途径进行访谈，在确保师生安全的前提下，保证调研数据的真实可靠。

调研大队共分成了 8 个小队，29 名师生参加了调研。调研共获得有效答卷 2273 份，访谈 150 余人，形成了 13 个地市的分调研报告和调研总报告。以实地调研为基础，结合查阅《黑龙江统计年鉴》《黑龙江省环境状况公报》等资料，智库对黑龙江省各地市一年来的生态文明建设进展情况进行了分析，对比了三年的研究结果，为黑龙江省各地市不断提升生态文明建设效果提出了对策建议。

调研开始前，智库对《黑龙江省各地市生态文明建设评价体系》进行了修订和完善。因存在年鉴数据缺失现象，将"生态资源利用"一级指标中的第 3 个二级指标由原来的"单位工业增加值能耗下降率"替换为热水集中供热总量（万 GJ），新的评价指标体系包括 6 个一级指标、37 个二级指标（见表 1）。

表 1　黑龙江省各地市生态文明建设评价体系表

目标类别	目标类分值	序号	二级指标	计量单位	权数（%）	数据来源
一、生态资源利用	25	1	地区液化石油气用量	t	4	黑龙江统计年鉴
		2	单位生产总值能耗下降率	%	4	黑龙江统计年鉴
		3	热水集中供热总量	万 GJ	4	黑龙江统计年鉴
		4	单位地区生产总值电耗	kW·h/万元	2	黑龙江统计年鉴
		5	规模以上工业企业综合能源消费量	万吨标准煤	3	黑龙江统计年鉴
		6	生产用水量	万 m³	2	黑龙江统计年鉴
		7	人均日生活用水量	L	3	黑龙江统计年鉴
		8	有效灌溉面积	千 hm²	3	黑龙江统计年鉴

（续）

目标类别	目标类 分值	序号	二级指标	计量单位	权数 （%）	数据来源
二、生态环 境保护	35	9	地级及以上城市空气质量达标天数比率	%	4	黑龙江省环境状 况公报
		10	地级及以上城市细颗粒物（$PM_{2.5}$）浓度	μg/m³	4	黑龙江省环境状 况公报
		11	地级及以上城市Ⅰ～Ⅲ类水质比例	%	3	黑龙江统计年鉴
		12	地级及以上城市废水排放量	万 t	3	黑龙江统计年鉴
		13	地级及以上城市化学需氧量 COD 排放量	t	2	黑龙江统计年鉴
		14	地级及以上城市氨氮排放量	t	2	黑龙江统计年鉴
		15	地级及以上城市二氧化硫排放量	t	2	黑龙江统计年鉴
		16	地级及以上城市氮氧化物排放量	t	2	黑龙江统计年鉴
		17	地级及以上城市烟粉排放量	t	2	黑龙江统计年鉴
		18	地级及以上城市园林绿地面积	hm²	4	黑龙江统计年鉴
		19	地级及以上城市建成区绿化覆盖率	%	4	黑龙江统计年鉴
		20	地级及以上城市清扫保洁面积	万 m²	3	黑龙江统计年鉴
三、地方政 府重视程度	10	21	监督管理	%	2.93	现场调研
		22	服务与执行	%	2.74	现场调研
		23	制度建设	%	2.33	现场调研
		24	生产生活	%	2	现场调研
四、生态文 明教育	10	25	生态文明教育重视情况	%	3	现场调研
		26	生态文明意识培养情况	%	3	现场调研
		27	生态文明行为养成情况	%	2	现场调研
		28	生态文明教育保障情况	%	2	现场调研
五、生态文 明建设公众 参与	10	29	居民生态文明相关知识了解情况	%	2	现场调研
		30	居民生态文明习惯养成率	%	2	现场调研
		31	居民对参与生态文明建设的态度	%	2	现场调研
		32	居民生态文明宣传教育参与度	%	2	现场调研
		33	居民环境保护与监督的参与度	%	2	现场调研
六、公众满 意程度	10	34	居民对空气质量的满意度	%	2	现场调研
		35	居民对水质满意度	%	2	现场调研
		36	居民对本地生活环境改善的满意程度	%	3	现场调研
		37	居民对政府生态文明建设工作的满意度	%	3	现场调研

第二节　2020年评价结果分析

一、黑龙江省生态文明建设总体情况及各项指标情况

从表2可以看出，黑龙江省13地市生态文明建设平均分为57.494分，虽然比2019年的56.11分略有上升，但仍没有达到及格线。

生态资源利用、生态环境保护、生态文明教育、地方政府重视程度、公众参与和公众满意度6个一级指标中，生态文明教育得分率最高，占项目分值的75.49%，比上年提升11个百分点，进步非常快；公众满意度指标得分率为69.98%，比上年提升5个百分点，进步也很快；地方政府重视程度得分率为60.92%，得分率超过60%，其他指标得分率均超过50%。

"生态资源利用"指标平均得分12.582分，略低于去年的13.69分，平均得分率50.33%，不仅低于去年和前年同期水平，而且在6个一级指标中得分率最低。得分最高的地市仍然是佳木斯市，为17.004分，最低的是伊春市，为10.678分，大庆市由去年的排名最末位，上升为第七位，生态资源利用成效显著。

表2　2020年黑龙江省各地市生态文明建设情况一览表

地市	生态资源利用	生态环境保护	生态文明教育	政府重视程度	公众参与	公众满意度	总分
大兴安岭	14.990	23.450	8.770	7.000	8.920	8.010	71.140
佳木斯	17.004	24.786	7.310	5.810	4.460	7.350	66.720
牡丹江	13.735	19.754	7.560	6.110	8.460	7.430	63.049
鸡西	16.838	17.856	7.810	5.580	4.920	6.920	59.924
齐齐哈尔	13.376	14.518	7.750	6.390	8.610	7.790	58.434
鹤岗	14.066	15.134	7.580	6.010	6.150	7.690	56.630
大庆	13.604	19.369	7.790	6.200	3.080	6.130	56.173
七台河	12.838	20.139	6.900	5.900	2.920	6.410	55.107
绥化	12.843	15.700	7.230	5.620	6.150	7.370	54.913
哈尔滨	11.610	14.287	7.410	5.900	7.080	7.110	53.397
双鸭山	11.987	16.058	7.340	5.840	4.920	6.820	52.965
伊春	10.678	21.679	5.340	4.910	2.310	5.690	50.607
黑河	15.922	22.834	9.350	7.920	2.000	6.260	48.364
总分	163.569	245.564	98.140	79.190	69.980	90.980	747.423
平均分	12.582	18.890	7.549	6.092	5.383	6.998	57.494
平均分占项目分值的比重(%)	50.33	53.97	75.49	60.92	53.83	69.98	57.49

"生态环境保护"指标平均得分 18.890 分，与去年的 18.93 分基本持平，平均得分率 53.97%，略低于去年 54.09% 的平均得分率，更远低于前年 68.71% 的平均得分率，说明一年来黑龙江省各地市在生态环境保护方面的工作进展不畅。各地市中得分最高的是佳木斯市，为 24.786 分，比去年的最高分高出不到一个百分点；黑河市得分比去年下降 1 个百分点，为 22.834 分，由去年的第一名下降到第三名；得分最低的地市仍为哈尔滨市，为 14.287 分，但是，对比自身，哈尔滨市比去年的 11.77 分上升了近 3 个百分点，取得了一定进步。

"生态文明教育"指标平均得分 7.549 分，高于去年的 6.41 分 1 个百分点，说明黑龙江省各地市一年来在生态文明教育方面取得一定进展。其中得分最高的是黑河市，为 9.350 分，得分最低的是伊春市，为 5.340 分。

"地方政府重视程度"指标平均得分 6.092 分，比上年的 5.14 分增长了近一个百分点，平均得分率 60.92%。得分最高的是黑河市，为 7.920 分；去年这项指标排名第一的绥化市由 6.88 分下降到 5.620 分，排名也骤降至第 11 位，说明一年来绥化市在重视生态文明建设方面做得不足；排名最低的是伊春市，为 4.910 分；而哈尔滨市由去年的排名最末位上升至第 8 位，进步明显。

"生态文明建设公众参与"指标平均得分 5.383 分，略低于去年的 5.47 分；平均得分率为 53.83%，也略低于去年的 54.68%，与 2018 年 53.96% 的平均得分率相比，基本持平。得分最高的是大兴安岭地区，为 8.920 分，低于去年的最高分；而去年的最高分鸡西市，由 9.54 分下降至 4.920 分，排名也降至第 7 位；排名最低的仍是黑河市，只有 2.0 分，比去年的 3.38 分又下降了 1.38 个百分点，说明黑河市在鼓励公众积极参与生态文明建设，为公众提供便利条件等方面存在一定问题。

"生态文明建设公众满意度"指标平均得分 6.998 分，略高于去年的 6.48 分，平均得分率为 69.98%，比前两年均有提升。满意度最高的地市仍为大兴安岭，为 8.01 分，大兴安岭地区连续三年在这个项目上夺得冠军；得分最低的是伊春市，为 5.690 分，但这个分值比 2019 年最低的双鸭山市的 5.74 分和 2018 年满意度最低的大庆市的 5.52 分都高一点点，说明，从整体来看，黑龙江省生态文明建设满意度在上升。

二、黑龙江省各地市 2020 年生态文明建设情况

从图 1 可以看出，2020 年，黑龙江省各地市生态文明建设得分情况差异较大，最高分仍为大兴安岭地区，71.140 分；最低分为黑河市，为 48.364 分，哈尔滨市由去年的排名最末位上升到第 10 位。无论是最高分还是最低分，与 2019 年相比都有所上升，说明黑龙江省一年来生态文明建设取得了一定进步。

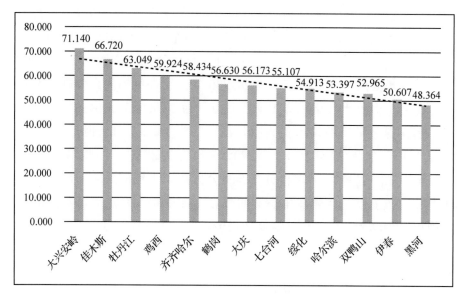

图1　黑龙江省各地市生态文明建设得分情况

第三节　黑龙江省生态文明建设情况三年对比分析

项目组对 2018—2020 年黑龙江省生态文明建设情况分类进行了对比分析，以期找到发展变化规律，探究各地市生态文明建设的不足之处，分析原因，提出解决的办法。

一、生态文明建设总体情况三年对比分析

从表 3 中可以看出，黑龙江省生态文明建设三年平均分为 59.115 分，三年中呈现动态波动。整体来看，评价指标会对结果产生重要影响。2018 年各地市普遍得分比较高，2019 年剔除部分指标后，各地市得分发生明显变化，得分更趋向于合理。

表3　黑龙江省各地市生态文明建设情况三年对比表

序号	地市	2018 年总分	2019 年总分	2020 年总分	三年平均分
1	大兴安岭	74.450	64.611	71.140	70.067
2	黑河	77.060	62.128	48.364	62.517
3	佳木斯	61.530	58.162	66.720	62.137
4	鸡西	64.120	62.050	59.924	62.031
5	伊春	77.540	55.246	50.607	61.131

（续）

序号	地市	2018 年总分	2019 年总分	2020 年总分	三年平均分
6	牡丹江	58.500	58.101	63.049	59.883
7	鹤岗	63.650	57.682	56.630	59.321
8	齐齐哈尔	61.150	52.545	58.434	57.376
9	绥化	60.940	53.472	54.913	56.442
10	双鸭山	60.330	54.721	52.965	56.005
11	七台河	54.850	55.979	55.107	55.312
12	大庆	57.340	48.201	56.173	53.905
13	哈尔滨	57.130	46.584	53.397	52.370
	平均分	63.738	56.114	57.494	59.115

分地市来看（见图 2），大兴安岭地区三年平均分最高，为 70.067 分，这与其优越的林业资源密切相关；排在第 2 位的是黑河市，三年平均分为 62.517 分；佳木斯市和鸡西市紧随其后，分别为 62.137 分和 62.031 分；排在最末位的是哈尔滨市，为 52.370 分，这与哈尔滨市庞大的人口数量密切相关。哈尔滨近些年来不断加强生态环境建设，居民生活环境明显改善，但由于人口数量众多，空气、水质、噪声等污染问题持续存在，使公众的生态环境满意度难以迅速提升，这成为哈尔滨市生态文明建设评价分数较低的重要影响因素。

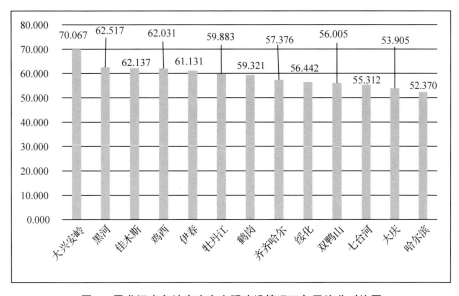

图 2 黑龙江省各地市生态文明建设情况三年平均分对比图

二、各一级指标三年对比分析

项目组对黑龙江省各地市生态文明建设各一级指标三年得分情况进行了逐项对比分析，以期通过分析，找到各地市生态文明建设的优势和不足，为下一步制定有针对性的建设计划提供方向。

(一)"生态资源利用"指标三年对比分析

"生态资源利用"在指标体系中占25分，所占比重较大，对各地市生态文明建设评价结果有较大影响。因数据来源于《黑龙江省统计年鉴》，受统计年鉴出版周期影响，数据为现场调研前两年的统计结果。从表4中可以看出，黑龙江省各地市"生态资源利用"三年平均得分为13.338分，平均分占项目分值比重为53.35%，2018年得分率比前两年略有下降，疫情影响可能是其中最主要的因素。

表4 "生态资源利用"情况三年对比表

排名	地市	2016年 生态资源利用	2017年 生态资源利用	2018年 生态资源利用	三年平均分
1	佳木斯	13.840	17.149	17.004	15.998
2	鸡西	15.840	15.221	16.838	15.966
3	齐齐哈尔	18.070	15.604	13.376	15.683
4	大兴安岭	14.040	14.042	14.990	14.357
5	牡丹江	13.840	14.066	13.735	13.880
6	鹤岗	12.830	14.297	14.066	13.731
7	双鸭山	12.760	16.222	11.987	13.656
8	绥化	14.530	13.297	12.843	13.557
9	哈尔滨	12.600	13.989	11.610	12.733
10	七台河	8.300	13.373	12.838	11.504
11	伊春	14.910	8.756	10.678	11.448
12	黑河	19.230	14.913	15.922	11.381
13	大庆	7.910	6.983	13.604	9.499
总分		178.700	177.912	163.569	173.394
平均分		13.746	13.686	12.582	13.338
平均分占项目分值的比(%)		54.98	54.74	50.33	53.35

从图3中可以看出，佳木斯市在"生态资源利用"指标中三年平均分最高，为15.998分，鸡西市与之基本持平，为15.966分，紧随其后的是齐齐哈尔市，为15.683分，生态资源优越的大兴安岭地区和伊春市仅排在第4位和第11位，大庆市以平均不足10分的成绩排在最末位。

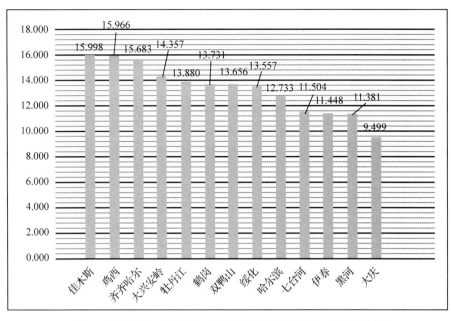

图3 黑龙江省各地市"生态资源利用"情况三年平均分对比图

(二)"生态环境保护"指标三年对比分析

"生态环境保护"在指标体系中占35分,所占比重最大,对各地市生态文明建设评价结果有直接影响。与"生态资源利用"指标一样,因数据来源于《黑龙江省统计年鉴》,受统计年鉴出版周期影响,数据为现场调研前两年的统计结果。从表5中可以看出,黑龙江省各地市"生态环境保护"指标三年平均分为20.623分,平均分占项目分值比重为58.92%,三年得分率不断下降,说明三年来黑龙江省各地市生态环境保护进展不足。

表5 "生态环境保护"情况三年对比表

排名	地市	2016 生态环境保护	2017 生态环境保护	2018 生态环境保护	三年平均分
1	伊春	33.676	22.526	21.679	25.960
2	大兴安岭	29.832	23.681	23.450	25.654
3	黑河	29.281	23.912	22.834	25.342
4	佳木斯	25.520	20.062	24.786	23.456
5	大庆	24.596	20.139	19.369	21.368
6	七台河	23.364	18.753	20.139	20.752
7	牡丹江	21.516	18.907	19.754	20.059
8	鸡西	24.904	17.290	17.856	20.017
9	鹤岗	22.813	18.703	15.134	18.883

（续）

排名	地市	2016 生态环境保护	2017 生态环境保护	2018 生态环境保护	三年平均分
10	双鸭山	21.824	17.598	16.058	18.493
11	绥化	19.668	16.393	15.700	17.254
12	齐齐哈尔	17.512	16.366	14.518	16.132
13	哈尔滨	18.128	11.773	14.287	14.729
总分		312.634	246.103	245.564	268.100
平均分		24.049	18.931	18.890	20.623
平均分占项目分值的比重(%)		68.71	54.09	53.97	58.92

从图4中可以看出，伊春市在"生态环境保护"指标中三年平均分最高，为25.960分，大兴安岭地区紧随其后，为25.654分，这一结果与当地丰富的生态环境资源密切相关；黑河市排第3位，为25.342分；排在最后的是哈尔滨市，为14.729分。

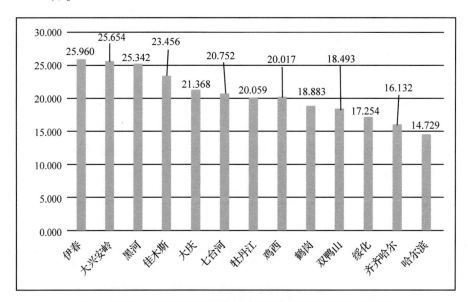

图4 黑龙江省各地市"生态环境保护"情况三年平均分对比图

(三)"地方政府重视程度"指标三年对比分析

"地方政府重视程度"在指标体系中占10分，三年来，项目组不断调整其二级评价指标和评价方法，使评价指标体系和评价方法更加科学合理。从表6中可以看出，黑龙江省各地市"地方政府重视程度"指标三年平均分为6.279分，平均分占项目分值比重为62.79%。

表6 "地方政府重视程度"情况三年对比表

排名	地市	2018年地方政府重视程度	2019年地方政府重视程度	2020年地方政府重视程度	三年平均分
1	黑河	8.370	6.453	7.920	7.581
2	鸡西	8.430	5.929	5.580	6.646
3	齐齐哈尔	8.320	4.505	6.390	6.405
4	大庆	7.740	5.129	6.200	6.356
5	佳木斯	8.210	4.801	5.810	6.274
6	大兴安岭	6.470	5.238	7.000	6.236
7	绥化	5.990	6.882	5.620	6.164
8	鹤岗	8.120	4.342	6.010	6.157
9	双鸭山	8.220	4.301	5.840	6.120
10	哈尔滨	8.260	4.072	5.900	6.077
11	伊春	8.360	4.684	4.910	5.985
12	牡丹江	6.280	5.138	6.110	5.843
13	七台河	6.140	5.323	5.900	5.788
总分		98.910	66.797	79.190	81.632
平均分		7.608	5.138	6.092	6.279
平均分占项目分值的比重(%)		76.08	51.38	60.92	62.79

从图5中可以看出，黑河市在"地方政府重视程度"指标中三年平均分最高，为7.581分，鸡西市和齐齐哈尔市分列第2位和第3位，三年平均分为6.646分和6.405分；排在最后的是七台河市，为5.788分。

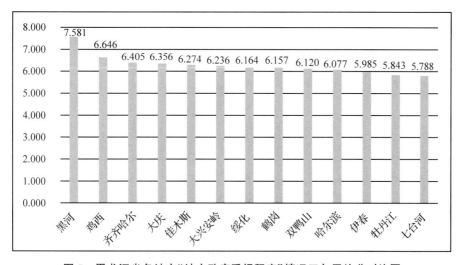

图5 黑龙江省各地市"地方政府重视程度"情况三年平均分对比图

(四)"生态文明教育"指标三年对比分析

"生态文明教育"一级指标在整个指标体系中占 10 分。从表 7 中可以看出，黑龙江省各地市"生态文明教育"指标三年平均分为 6.708 分，平均分占项目分值比重为 67.08%。

表 7 "生态文明教育"情况三年对比表

排名	地市	2018 年 生态文明教育	2019 年 生态文明教育	2020 年 生态文明教育	三年平均分
1	黑河	7.440	6.560	9.350	7.783
2	绥化	8.560	6.810	7.230	7.533
3	大兴安岭	6.94	6.68	8.77	7.463
4	大庆	6.500	6.280	7.790	6.857
5	哈尔滨	7.440	5.530	7.410	6.793
6	双鸭山	7.080	5.940	7.340	6.787
7	鹤岗	5.630	6.710	7.580	6.640
8	鸡西	4.650	7.170	7.810	6.543
9	七台河	5.650	6.790	6.900	6.447
10	齐齐哈尔	5.290	5.940	7.750	6.327
11	牡丹江	4.440	6.490	7.560	6.163
12	伊春	6.370	6.510	5.340	6.073
13	佳木斯	4.150	5.930	7.310	5.797
总分		80.140	83.340	98.140	87.207
平均分		6.165	6.411	7.549	6.708
平均分占项目分值的比重(%)		61.65	64.11	75.49	67.08

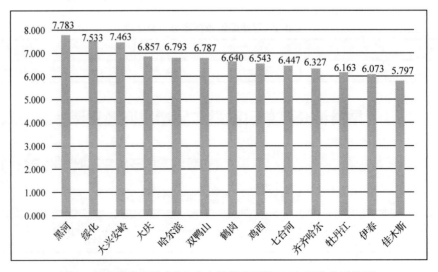

图 6 黑龙江省各地市"生态文明教育"情况三年平均分对比图

从图 6 中可以看出，黑河市在"生态文明教育"指标中三年平均分最高，为7.783 分，绥化市和大兴安岭地区分列第 2 位和第 3 位，三年平均分为 7.533 分和 7.463 分；排在最后的是佳木斯市，为 5.797 分。

(五)"生态文明建设公众参与"指标三年对比分析

"生态文明建设公众参与"一级指标在整个指标体系中占 10 分。从表 8 中可以看出，黑龙江省各地市"生态文明建设公众参与"指标三年平均分为 5.416 分，平均分占项目分值比重为 54.16%。

表 8 "生态文明建设公众参与"情况三年对比表

排名	地市	2018 年公众参与	2019 年公众参与	2020 年公众参与	三年平均分
1	大兴安岭	9.380	7.380	8.920	8.560
2	鹤岗	6.920	7.850	6.150	6.973
3	牡丹江	5.540	6.770	8.460	6.923
4	鸡西	4.460	9.540	4.920	6.307
5	齐齐哈尔	5.690	3.540	8.610	5.947
6	绥化	6.000	3.850	6.150	5.333
7	哈尔滨	4.000	4.770	7.080	5.283
8	伊春	6.920	5.690	2.310	4.973
9	双鸭山	3.850	4.920	4.920	4.563
10	七台河	4.770	5.540	2.920	4.410
11	佳木斯	3.080	4.310	4.460	3.950
12	大庆	5.080	3.540	3.080	3.900
13	黑河	4.46	3.38	2.000	3.280
	总分	70.150	71.080	69.980	70.403
	平均分	5.396	5.468	5.383	5.416
	平均分占项目分值的比重(%)	53.96	54.68	53.83	54.16

从图 7 中可以看出，大兴安岭地区在"生态文明建设公众参与"指标中三年平均分遥遥领先，为 8.56 分，鹤岗市和牡丹江市分列第 2 位和第 3 位，三年平均分为 6.973 分和 6.923 分；排在最后的是黑河市，为 3.280 分。

(六)"生态文明建设公众满意度"指标三年对比分析

"生态文明建设公众满意度"一级指标在整个指标体系中占 10 分。从表 9 中可以看出，黑龙江省各地市"生态文明建设公众满意度"指标三年平均分为 6.752 分，平均分占项目分值比重为 67.52%。

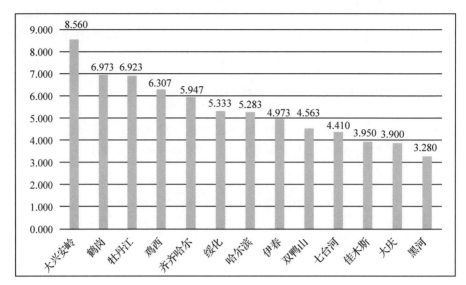

图 7　黑龙江省各地市"生态文明建设公众参与"情况三年平均分对比图

表 9　"生态文明建设公众满意度"情况三年对比表

排名	地市	2018 年公众满意度	2019 年公众满意度	2020 年公众满意度	三年平均分
1	大兴安岭	7.79	7.59	8.01	7.797
2	黑河	8.28	6.91	6.26	7.150
3	牡丹江	6.88	6.73	7.43	7.013
4	鹤岗	7.34	5.78	7.69	6.937
5	齐齐哈尔	6.28	6.59	7.79	6.887
6	哈尔滨	6.7	6.45	7.11	6.753
7	伊春	7.3	7.08	5.69	6.690
8	佳木斯	6.73	5.91	7.35	6.663
9	绥化	6.19	6.24	7.37	6.600
10	鸡西	5.84	6.9	6.92	6.553
11	七台河	6.63	6.2	6.41	6.413
12	双鸭山	6.6	5.74	6.82	6.387
13	大庆	5.52	6.13	6.13	5.927
	总分	88.080	84.250	90.980	87.770
	平均分	6.775	6.481	6.998	6.752
	平均分占项目分值的比重(%)	67.75	64.81	69.98	67.52

　　从图 8 中可以看出，大兴安岭地区在"生态文明建设公众满意度"指标中三年平均分仍居于首位，为 7.797 分，黑河市和牡丹江市分列第 2 位和第 3 位，三年平均分为 7.150 分和 7.013 分，只有这 3 个地市得分率超过了 70%；排在最后

的是大庆市，为 5.927 分，也是唯一一个得分率未超过 60%的地市。

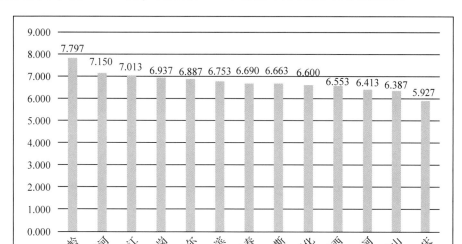

图8 黑龙江省各地市"生态文明建设公众满意度"情况三年平均分对比图

从图9中可以看出，6 个一级指标三年平均得分率不尽相同，其中得分率最高的是"生态文明建设公众满意度"，为 67.52%；紧随其后的是"生态文明教育"，得分率为 67.08%；得分率最低的是生态资源利用，为 53.35%，说明黑龙江省各地市在生态资源利用方面仍需加强。

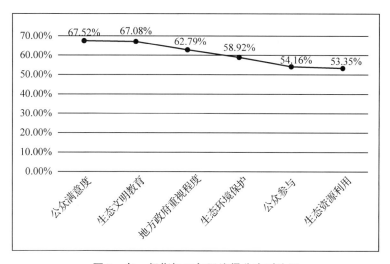

图9 各一级指标三年平均得分率对比图

第二部分

黑龙江省各地市生态文明建设情况分类评价

第一章

各地市生态资源利用情况

习近平总书记在党的十九大报告中强调："要牢固树立社会主义生态文明观""推进资源全面节约和循环利用"。《中共中央关于制定国民经济和社会发展第十四个五年规划和二〇三五年远景目标的建议》中也明确指出：要"全面提高资源利用效率。健全自然资源资产产权制度和法律法规，加强自然资源调查评价监测和确权登记，建立生态产品价值实现机制，完善市场化、多元化生态补偿，推进资源总量管理、科学配置、全面节约、循环利用。实施国家节水行动，建立水资源刚性约束制度。提高海洋资源、矿产资源开发保护水平。完善资源价格形成机制。推行垃圾分类和减量化、资源化。加快构建废旧物资循环利用体系。"在后疫情时代，面对国内外发展的全新局面，秉持绿色发展理念，缓解资源能源危机，实现经济结构优化转型期，充分践行生态文明要求，是摆在黑龙江省发展过程中需要着力解决的问题。近年来，在黑龙江省紧跟中央决策部署，持续推进的产业结构调整和生产方式转型，全省各地资源利用减量增效进步明显，但是资源能源消耗总量仍然较大、伴随污染物排放量高位运行等问题仍然存在，一定程度上限制了绿色发展效能的提升。值得肯定的是黑龙江省省内资源能源利用效率不断提高，单位国内生产总值资源能源消耗量呈下降态势，为黑龙江省生态文明建设和发展提供了良好的前景。

本章研究对象为黑龙江省各地市资源利用情况，下设八项二级指标：①地区液化石油器气用量(t)；②单位生产总值能耗下降率(%)；③热水集中供热总量(万 GJ)；④单位地区生产总值电耗(kW·h/万元)；⑤规模以上工业企业综合能源消费量(万吨标准煤)；⑥生产用水量(万 m³)；⑦人均日生活用水量(L)；⑧有效灌溉面积(千 hm²)。

本章数据主要来源为黑龙江省 2015 年到 2019 年统计年鉴中 2014 年度到 2018 年度统计数据，其中个别地市如大兴安岭存在数据缺失的情况，为保证数据来源统一，将在下一年度省统计年鉴正式出版后进行更新。经过对数据的分析研究，主要通过以下两个层面对黑龙江省 13 地市资源利用情况进行分析和比对。

一是分别对黑龙江省 13 地市的二级指标进行分析整理，以图表形式展示。此部分图表的二级指标栏目中 1 代表地区液化石油气用量(t)；2 代表单位生产总值能耗下降率(%)；3 代表热水集中供热总量(万 GJ)；4 代表单位地区生产总值电耗(kW·h/万元)；5 代表规模以上工业企业综合能源消费量(万吨标准煤)；6 代表生产用水量(万 m^3)；7 代表人均日生活用水量(L)；8 代表有效灌溉面积(千 hm^2)。得分情况说明：资源利用情况在总调查中的目标分值为 25 分，在 13 地市的得分设置中，给排名第 1 位的赋值该项目所占权重的满分，每下降一位依次减少该权重的 1/13 分，并列名次取相同分数，最后得到总分值，在第二部分进行统一对比分析；排名依据以生态文明向好为优。二是对黑龙江省 13 地市的资源利用情况进行对比分析，以图表形式展示。

第一节　资源利用二级指标情况

一、哈尔滨资源利用情况二级指标单项分析结果

(一)哈尔滨地区液化石油气用量(t)

表 1-1　哈尔滨地区液化石油气用量(t)

年度	2014	2015	2016	2017	2018
数值	78000	72000	74550	70280	69000

(二)哈尔滨单位生产总值能耗下降率(%)

表 1-2　哈尔滨单位生产总值能耗下降率(%)

年度	2014	2015	2016	2017	2018
数值	-4.84	-3.11	-3.31	-4.86	-0.31

(三)哈尔滨热水集中供热总量(万 GJ)

表 1-3　哈尔滨热水集中供热总量(万 GJ)

年度	2014	2015	2016	2017	2018
数值	13979.5	14308.5	14464.7	15540.0	16550.0

(四)哈尔滨单位地区生产总值电耗(kW·h/万元)

表1-4　哈尔滨单位地区生产总值电耗(kW·h/万元)

年度	2014	2015	2016	2017	2018
数值	380.4	356.3	348.8	336.8	344.8

(五)哈尔滨规模以上工业企业综合能源消费量(万吨标准煤)

表1-5　哈尔滨规模以上工业企业综合能源消费量(万吨标准煤)

年度	2014	2015	2016	2017	2018
数值	713.8	715.3	715.6	609.8	680.0

(六)哈尔滨生产用水量(万 m^3)

表1-6　哈尔滨生产用水量(万 m^3)

年度	2014	2015	2016	2017	2018
数值	6089.6	5829.1	5672.6	5393.8	5508.7

(七)哈尔滨人均日生活用水量(L)

表1-7　哈尔滨人均日生活用水量(L)

年度	2014	2015	2016	2017	2018
数值	131.2	135	131.6	137.6	149.5

(八)哈尔滨有效灌溉面积(千 hm^2)

表1-8　哈尔滨有效灌溉面积(千 hm^2)

年度	2014	2015	2016	2017	2018
数值	738.7	745.7	785.3	792.8	804.6

二、齐齐哈尔资源利用情况二级指标单项分析结果

(一)齐齐哈尔地区液化石油气用量(t)

表1-9　齐齐哈尔地区液化石油气用量(t)

年度	2014	2015	2016	2017	2018
数值	5000	4700	7285	8105	7464

(二)齐齐哈尔单位生产总值能耗下降百分比(%)

表 1-10　齐齐哈尔单位生产总值能耗下降百分比(%)

年度	2014	2015	2016	2017	2018
数值	-8.78	-10.08	-7.29	-3.63	0.77

(三)齐齐哈尔热水集中供热总量(万 GJ)

表 1-11　齐齐哈尔热水集中供热总量(万 GJ)

年度	2014	2015	2016	2017	2018
数值	2494.3	2515.0	2726.8	1881.0	1966.0

(四)齐齐哈尔单位地区生产总值电耗(kW·h/万元)

表 1-12　齐齐哈尔单位地区生产总值电耗(kW·h/万元)

年度	2014	2015	2016	2017	2018
数值	605.3	612.3	602	580.6	587.5

(五)齐齐哈尔规模以上工业企业综合能源消费量(万吨标准煤)

表 1-13　齐齐哈尔规模以上工业企业综合能源消费量(万吨标准煤)

年度	2014	2015	2016	2017	2018
数值	503.7	469.9	384.7	390.3	463.5

(六)齐齐哈尔生产用水量(万 m³)

表 1-14　齐齐哈尔生产用水量(万 m³)

年度	2014	2015	2016	2017	2018
数值	2371.8	2162.6	1389	1143.1	1063.0

(七)齐齐哈尔人均日生活用水量(L)

表 1-15　齐齐哈尔人均日生活用水量(L)

年度	2014	2015	2016	2017	2018
数值	101.2	100.1	109.4	120.0	127.0

(八)齐齐哈尔有效灌溉面积(千 hm²)

表 1-16　齐齐哈尔有效灌溉面积(千 hm²)

年度	2014	2015	2016	2017	2018
数值	612.9	675.1	849.8	856.1	875.6

三、鸡西资源利用情况二级指标单项分析结果

(一)鸡西地区液化石油气用量(t)

表 1-17　鸡西地区液化石油气用量(t)

年度	2014	2015	2016	2017	2018
数值	6391	5852	5005	10575	5500

(二)鸡西单位生产总值能耗下降百分比(%)

表 1-18　鸡西单位生产总值能耗下降百分比(%)

年度	2014	2015	2016	2017	2018
数值	-4.69	-1.53	-7.34	-5.04	-3.32

(三)鸡西热水集中供热总量(万 GJ)

表 1-19　鸡西热水集中供热总量(万 GJ)

年度	2014	2015	2016	2017	2018
数值	884.8	896.9	936.9	1030.0	1040.0

(四)鸡西单位地区生产总值电耗(kW·h/万元)

表 1-20　鸡西单位地区生产总值电耗(kW·h/万元)

年度	2014	2015	2016	2017	2018
数值	790.5	737	767.4	759.7	782.6

(五)鸡西规模以上工业企业综合能源消费量(万吨标准煤)

表 1-21　鸡西规模以上工业企业综合能源消费量(万吨标准煤)

年度	2014	2015	2016	2017	2018
数值	305.6	282.3	245.9	250.6	250.4

(六)鸡西生产用水量(万 m³)

表 1-22　鸡西生产用水量

年度	2014	2015	2016	2017	2018
数值	2352. 2	2262. 8	2188. 5	1461. 1	769. 7

(七)鸡西人均日生活用水量(L)

表 1-23　鸡西人均日生活用水量(L)

年度	2014	2015	2016	2017	2018
数值	150. 3	100. 6	100. 3	66. 8	95. 4

(八)鸡西有效灌溉面积(千 hm²)

表 1-24　鸡西有效灌溉面积(千 hm²)

年度	2014	2015	2016	2017	2018
数值	161. 9	161. 5	166. 9	169. 8	174. 7

四、鹤岗资源利用情况二级指标单项分析结果

(一)鹤岗地区液化石油气用量(t)

表 1-25　鹤岗地区液化石油气用量(t)

年度	2014	2015	2016	2017	2018
数值	7778	7782	6436	5502	4705

(二)鹤岗单位生产总值能耗下降百分比(%)

表 1-26　鹤岗单位生产总值能耗下降百分比(%)

年度	2014	2015	2016	2017	2018
数值	-4. 36	-4. 18	-3. 85	-3. 63	-2. 53

(三)鹤岗热水集中供热总量(万 GJ)

表 1-27　鹤岗热水集中供热总量(万 GJ)

年度	2014	2015	2016	2017	2018
数值	1215. 7	1244. 0	1313. 2	1726. 0	1702. 9

(四)鹤岗单位地区生产总值电耗(kW·h/万元)

表 1-28 鹤岗单位地区生产总值电耗(**kW·h/万元**)

年度	2014	2015	2016	2017	2018
数值	1362.6	1383.8	1525	1464.2	1515.4

(五)鹤岗规模以上工业企业综合能源消费量(万吨标准煤)

表 1-29 鹤岗规模以上工业企业综合能源消费量(万吨标准煤)

年度	2014	2015	2016	2017	2018
数值	199	190.6	272.1	290.1	323.7

(六)鹤岗生产用水量(万 m^3)

表 1-30 鹤岗生产用水量(万 m^3)

年度	2014	2015	2016	2017	2018
数值	1813.4	1426.6	1380.7	1426.6	1364.8

(七)鹤岗人均日生活用水量(L)

表 1-31 鹤岗人均日生活用水量(**L**)

年度	2014	2015	2016	2017	2018
数值	87.7	84.9	87.6	88.9	90.2

(八)鹤岗有效灌溉面积(千 hm^2)

表 1-32 鹤岗有效灌溉面积(千 hm^2)

年度	2014	2015	2016	2017	2018
数值	146	145.4	156.2	140.7	135.1

五、双鸭山资源利用情况二级指标单项分析结果

(一)双鸭山地区液化石油气用量(t)

表 1-33 双鸭山地区液化石油气用量(**t**)

年度	2014	2015	2016	2017	2018
数值	3250	3250	3260	4360	7021

(二)双鸭山单位生产总值能耗下降百分比(%)

表1-34　双鸭山单位生产总值能耗下降百分比(%)

年度	2014	2015	2016	2017	2018
数值	-4.06	-2.51	-4.03	-4.01	-3.11

(三)双鸭山热水集中供热总量(万GJ)

表1-35　双鸭山热水集中供热总量(万GJ)

年度	2014	2015	2016	2017	2018
数值	700.0	700.0	542.4	985.0	960.0

(四)双鸭山单位地区生产总值电耗(kW·h/万元)

表1-36　双鸭山单位地区生产总值电耗(kW·h/万元)

年度	2014	2015	2016	2017	2018
数值	991.9	1087.4	1037.9	1017.8	1002.6

(五)双鸭山规模以上工业企业综合能源消费量(万吨标准煤)

表1-37　双鸭山规模以上工业企业综合能源消费量(万吨标准煤)

年度	2014	2015	2016	2017	2018
数值	392.8	372.3	402.2	377	422.1

(六)双鸭山生产用水量(万 m³)

表1-38　双鸭山生产用水量(万 m³)

年度	2014	2015	2016	2017	2018
数值	678	678	802	423	915.5

(七)双鸭山人均日生活用水量(L)

表1-39　双鸭山人均日生活用水量(L)

年度	2014	2015	2016	2017	2018
数值	101.7	100.2	116.8	104.3	109.5

（八）双鸭山有效灌溉面积（千 hm²）

表 1-40　双鸭山有效灌溉面积（千 hm²）

年度	2014	2015	2016	2017	2018
数值	88.5	96.7	101.7	107.6	102.5

六、大庆资源利用情况二级指标单项分析结果

（一）大庆地区液化石油气用量（t）

表 1-41　大庆地区液化石油气用量（t）

年度	2014	2015	2016	2017	2018
数值	9319	7593	5984	5674	6416

（二）大庆单位生产总值能耗下降百分比（%）

表 1-42　大庆单位生产总值能耗下降百分比（%）

年度	2014	2015	2016	2017	2018
数值	-3.3	-2.51	-3.2	-3.2	-3.32

（三）大庆热水集中供热总量（万 GJ）

表 1-43　大庆热水集中供热总量（万 GJ）

年度	2014	2015	2016	2017	2018
数值	5998.0	6307.0	6775.0	6395.0	6425.0

（四）大庆单位地区生产总值电耗（kW·h/万元）

表 1-44　大庆单位地区生产总值电耗（kW·h/万元）

年度	2014	2015	2016	2017	2018
数值	579.4	585.3	779.7	762	704.3

（五）大庆规模以上工业企业综合能源消费量（万吨标准煤）

表 1-45　大庆规模以上工业企业综合能源消费量（万吨标准煤）

年度	2014	2015	2016	2017	2018
数值	1749.5	1593.6	1658.1	1714.4	1637.2

(六)大庆生产用水量(万 m³)

表 1-46　大庆生产用水量(万 m³)

年度	2014	2015	2016	2017	2018
数值	19282.1	18029.9	18652.1	17824.6	18254.0

(七)大庆人均日生活用水量(L)

表 1-47　大庆人均日生活用水量(L)

年度	2014	2015	2016	2017	2018
数值	139.3	116.4	113.7	145.8	130.0

(八)大庆有效灌溉面积(千 hm²)

表 1-48　大庆有效灌溉面积(千 hm²)

年度	2014	2015	2016	2017	2018
数值	433.6	462.3	540	524.7	539.3

七、伊春资源利用情况二级指标单项分析结果

(一)伊春地区液化石油气用量(t)

表 1-49　伊春地区液化石油气用量(t)

年度	2014	2015	2016	2017	2018
数值	8619	14614	14642	14512	14606

(二)伊春单位生产总值能耗下降率(%)

表 1-50　伊春单位生产总值能耗下降率(%)

年度	2014	2015	2016	2017	2018
数值	-3.95	-2.19	-3.55	8.3	2.57

(三)伊春热水集中供热总量(万 GJ)

表 1-51　伊春热水集中供热总量(万 GJ)

年度	2014	2015	2016	2017	2018
数值	1184.6	1291.4	1366.4	1424.0	1383.0

(四)伊春单位地区生产总值电耗(kW·h/万元)

表1-52　伊春单位地区生产总值电耗(kW·h/万元)

年度	2014	2015	2016	2017	2018
数值	827	964.2	875.7	864.8	1183.9

(五)伊春规模以上工业企业综合能源消费量(万吨标准煤)

表1-53　伊春规模以上工业企业综合能源消费量(万吨标准煤)

年度	2014	2015	2016	2017	2018
数值	134.2	124.7	161.9	217.5	242.9

(六)伊春生产用水量(万 m³)

表1-54　伊春生产用水量(万 m³)

年度	2014	2015	2016	2017	2018
数值	1985.1	1498.4	1310	1312.4	1311.7

(七)伊春人均日生活用水量(L)

表1-55　伊春人均日生活用水量(L)

年度	2014	2015	2016	2017	2018
数值	96.7	93.2	84.4	84.4	87.0

(八)伊春有效灌溉面积(千 hm²)

表1-56　伊春有效灌溉面积(千 hm²)

年度	2014	2015	2016	2017	2018
数值	50.4	48.8	52.6	51.2	53.7

八、佳木斯资源利用情况二级指标单项分析结果

(一)佳木斯地区液化石油气用量(t)

表1-57　佳木斯地区液化石油气用量(t)

年度	2014	2015	2016	2017	2018
数值	6000	6000	5950	5550	22432

（二）佳木斯单位生产总值能耗下降率（%）

表 1-58 佳木斯单位生产总值能耗下降率（%）

年度	2014	2015	2016	2017	2018
数值	-3.52	-3.11	-5.30	-5.11	-3.67

（三）佳木斯热水集中供热总量（万 GJ）

表 1-59 佳木斯热水集中供热总量（万 GJ）

年度	2014	2015	2016	2017	2018
数值	1330.0	1350.0	1270.0	1310.0	1420.0

（四）佳木斯单位地区生产总值电耗（kW·h/万元）

表 1-60 佳木斯单位地区生产总值电耗（kW·h/万元）

年度	2014	2015	2016	2017	2018
数值	504.9	481.1	467.0	404.5	435.8

（五）佳木斯规模以上工业企业综合能源消费量（万吨标准煤）

表 1-61 佳木斯规模以上工业企业综合能源消费量（万吨标准煤）

年度	2014	2015	2016	2017	2018
数值	153.1	144.1	138.7	146.2	155.1

（六）佳木斯生产用水量（万 m^3）

表 1-62 佳木斯生产用水量（万 m^3）

年度	2014	2015	2016	2017	2018
数值	2167.9	1499.7	1519.6	1250.1	1294.9

（七）佳木斯人均日生活用水量（L）

表 1-63 佳木斯人均日生活用水量（L）

年度	2014	2015	2016	2017	2018
数值	100.6	112.8	123.7	112.3	114.7

（八）佳木斯有效灌溉面积（千 hm²）

表 1-64　佳木斯有效灌溉面积（千 hm²）

年度	2014	2015	2016	2017	2018
数值	462.8	458.7	462.2	468.7	607.0

九、七台河资源利用情况二级指标单项分析结果

（一）七台河地区液化石油气用量（t）

表 1-65　七台河地区液化石油气用量（t）

年度	2014	2015	2016	2017	2018
数值	1548	1311	1414	1430	1325

（二）七台河单位生产总值能耗下降率（%）

表 1-66　七台河单位生产总值能耗下降率（%）

年度	2014	2015	2016	2017	2018
数值	−4.30	−4.34	−4.51	−4.05	−3.13

（三）七台河热水集中供热总量（万 GJ）

表 1-67　七台河热水集中供热总量（万 GJ）

年度	2014	2015	2016	2017	2018
数值	945.4	950.4	971.4	888.0	929.0

（四）七台河单位地区生产总值电耗（kW·h/万元）

表 1-68　七台河单位地区生产总值电耗（kW·h/万元）

年度	2014	2015	2016	2017	2018
数值	956.4	876.5	1142.6	1131.1	1108.3

（五）七台河规模以上工业企业综合能源消费量（万吨标准煤）

表 1-69　七台河规模以上工业企业综合能源消费量（万吨标准煤）

年度	2014	2015	2016	2017	2018
数值	442.8	427.3	411.9	416.4	448.1

(六)七台河生产用水量(万 m³)

表 1-70　七台河生产用水量(万 m³)

年度	2014	2015	2016	2017	2018
数值	2919.0	2930.5	2153.0	1361.7	1018.9

(七)七台河人均日生活用水量(L)

表 1-71　七台河人均日生活用水量(L)

年度	2014	2015	2016	2017	2018
数值	89.3	92.5	95.2	101.2	95.4

(八)七台河有效灌溉面积(千 hm²)

表 1-72　七台河有效灌溉面积(千 hm²)

年度	2014	2015	2016	2017	2018
数值	19.2	19.6	19.6	20.7	20.9

十、牡丹江资源利用情况二级指标单项分析结果

(一)牡丹江地区液化石油气用量(t)

表 1-73　牡丹江地区液化石油气用量(t)

年度	2014	2015	2016	2017	2018
数值	18021	17841	10960	8814	8758

(二)牡丹江单位生产总值能耗下降率(%)

表 1-74　牡丹江单位生产总值能耗下降率(%)

年度	2014	2015	2016	2017	2018
数值	-3.79	-4.01	-3.63	-3.64	-2.75

(三)牡丹江热水集中供热总量(万 GJ)

表 1-75　牡丹江热水集中供热总量(万 GJ)

年度	2014	2015	2016	2017	2018
数值	1776.0	1845.0	2007.0	2111.0	2117.0

(四)牡丹江单位地区生产总值电耗(kW·h/万元)

表1-76　牡丹江单位地区生产总值电耗(kW·h/万元)

年度	2014	2015	2016	2017	2018
数值	399.5	362.8	346.9	342.4	336.5

(五)牡丹江规模以上工业企业综合能源消费量(万吨标准煤)

表1-77　牡丹江规模以上工业企业综合能源消费量(万吨标准煤)

年度	2014	2015	2016	2017	2018
数值	203.2	191.1	189.5	172.1	161.9

(六)牡丹江生产用水量(万 m^3)

表1-78　牡丹江生产用水量(万 m^3)

年度	2014	2015	2016	2017	2018
数值	16394.5	16325.9	9704.7	9619.1	4179.0

(七)牡丹江人均日生活用水量(L)

表1-79　牡丹江人均日生活用水量(L)

年度	2014	2015	2016	2017	2018
数值	106.9	109.0	116.8	126.8	130.8

(八)牡丹江有效灌溉面积(千 hm^2)

表1-80　牡丹江有效灌溉面积(千 hm^2)

年度	2014	2015	2016	2017	2018
数值	84.2	92.2	100.7	103	116.2

十一、黑河资源利用情况二级指标单项分析结果

(一)黑河地区液化石油气用量(t)

表1-81　黑河地区液化石油气用量(t)

年度	2014	2015	2016	2017	2018
数值	2320	2400	2544	2580	2100

(二)黑河单位生产总值能耗下降率(%)

表 1-82 黑河单位生产总值能耗下降率(%)

年度	2014	2015	2016	2017	2018
数值	-3.42	-3.09	-8.99	-2.88	-3.31

(三)黑河热水集中供热总量(万GJ)

表 1-83 黑河热水集中供热总量(万GJ)

年度	2014	2015	2016	2017	2018
数值	619.8	619.8	675.8	676.0	658.1

(四)黑河单位地区生产总值电耗(kW·h/万元)

表 1-84 黑河单位地区生产总值电耗(kW·h/万元)

年度	2014	2015	2016	2017	2018
数值	961.1	831.2	611.0	581.4	602.3

(五)黑河规模以上工业企业综合能源消费量(万吨标准煤)

表 1-85 黑河规模以上工业企业综合能源消费量(万吨标准煤)

年度	2014	2015	2016	2017	2018
数值	87.6	90.3	81.1	78.4	75.9

(六)黑河生产用水量(万 m³)

表 1-86 黑河生产用水量(万 m³)

年度	2014	2015	2016	2017	2018
数值	295.0	196.4	169.0	171.0	147.6

(七)黑河人均日生活用水量(L)

表 1-87 黑河人均日生活用水量(L)

年度	2014	2015	2016	2017	2018
数值	93.9	98.5	102.6	90.3	100.2

(八)黑河有效灌溉面积(千 hm²)

表1-88　黑河有效灌溉面积(千 hm²)

年度	2014	2015	2016	2017	2018
数值	66.6	84.2	92.2	89.6	92.3

十二、绥化资源利用情况二级指标单项分析结果

(一)绥化地区液化石油气用量(t)

表1-89　绥化地区液化石油气用量(t)

年度	2014	2015	2016	2017	2018
数值	13000	12000	10298	4505	3505

(二)绥化单位生产总值能耗下降率(%)

表1-90　绥化单位生产总值能耗下降率(%)

年度	2014	2015	2016	2017	2018
数值	−3.45	−3.42	−3.31	−3.40	1.36

(三)绥化热水集中供热总量(万 GJ)

表1-91　绥化热水集中供热总量(万 GJ)

年度	2014	2015	2016	2017	2018
数值	182.8	644.5	644.5	1241.0	1183.6

(四)绥化单位地区生产总值电耗(kW·h/万元)

表1-92　绥化单位地区生产总值电耗(kW·h/万元)

年度	2014	2015	2016	2017	2018
数值	479.9	486.3	462.1	419.2	417.7

(五)绥化规模以上工业企业综合能源消费量(万吨标准煤)

表1-93　绥化规模以上工业企业综合能源消费量(万吨标准煤)

年度	2014	2015	2016	2017	2018
数值	191.1	217.0	234.7	239.8	264.4

(六)绥化生产用水量(万 m³)

表 1-94　绥化生产用水量(万 m³)

年度	2014	2015	2016	2017	2018
数值	428.0	1112.9	1107.4	1228.4	926.9

(七)绥化人均日生活用水量(L)

表 1-95　绥化人均日生活用水量(L)

年度	2014	2015	2016	2017	2018
数值	106.7	195.2	192.2	163.5	155.8

(八)绥化有效灌溉面积(千 hm²)

表 1-96　绥化有效灌溉面积(千 hm²)

年度	2014	2015	2016	2017	2018
数值	483.1	520.0	575.7	594.4	603.1

十三、大兴安岭源利用情况二级指标单项分析结果

(一)大兴安岭单位生产总值能耗下降率(%)

表 1-97　大兴安岭单位生产总值能耗下降率(%)

年度	2014	2015	2016	2017	2018
数值	-3.21	-2.53	-3.24	-3.13	-3.19

(二)大兴安岭单位地区生产总值电耗(kW·h/万元)

表 1-98　大兴安岭单位地区生产总值电耗(kW·h/万元)

年度	2014	2015	2016	2017	2018
数值	376.8	405.9	321.8	303.5	302.7

(三)大兴安岭规模以上工业企业综合能源消费量(万吨标准煤)

表 1-99　大兴安岭规模以上工业企业综合能源消费量(万吨标准煤)

年度	2014	2015	2016	2017	2018
数值	21.6	20.9	19.3	16.5	12.5

(四)大兴安岭有效灌溉面积(千 hm²)

表 1-100　大兴安岭有效灌溉面积(千 hm²)

年度	2014	2015	2016	2017	2018
数值	2.0	4.1	9.4	9.3	9.3

因统计年鉴中缺少相关数据,大兴安岭地区液化石油气用量、大兴安岭热水集中供热总量、大兴安岭人均日生活用水量、大兴安岭生产用水量数据欠奉。

第二节　资源利用情况对比分析

为了对黑龙江省各地市资源利用情况进行对比分析,以表格形式对各地的资源利用情况进行了排名,并按着生态文明向好为优的原则对各二级指标按着25 分的目标得分进行了赋值。

一、各项二级指标排名情况

(一)各地市地区液化石油气用量(t)排名情况

表 1-101　各地市地区液化石油气用量(t)排名

排序	地市	具体数值
1	七台河	1325
2	黑河	2100
3	绥化	3505
4	鹤岗	4705
5	鸡西	5500
6	大庆	6416
7	双鸭山	7021
8	齐齐哈尔	7464
9	牡丹江	8758
10	伊春	14606
11	佳木斯	22432
12	哈尔滨	69000

（二）各地市单位生产总值能耗下降率（%）排名情况

表 1-102　各地市单位生产总值能耗下降率（%）排名

排序	地市	具体数值
1	佳木斯	−3.67
2	鸡西	−3.32
2	大庆	−3.32
4	黑河	−3.31
5	大兴安岭	−3.19
6	七台河	−3.13
7	双鸭山	−3.11
8	牡丹江	−2.75
9	鹤岗	−2.53
10	哈尔滨	−0.31
11	齐齐哈尔	0.77
12	绥化	1.36
13	伊春	257.00

（三）各地市热水集中供热总量（万 GJ）排名情况

表 1-103　各地市热水集中供热总量（万 GJ）排名

排序	地市	具体数值
1	哈尔滨	16550.0
2	大庆	6425.0
3	牡丹江	2117.0
4	齐齐哈尔	1966.0
5	鹤岗	1702.9
6	佳木斯	1420.0
7	伊春	1383.0
8	绥化	1183.6
9	鸡西	1040.0
10	双鸭山	960.0
11	七台河	929.0
12	黑河	658.1

（四）各地市单位地区生产总值电耗(kW·h/万元)排名情况

表 1-104 各地市单位地区生产总值电耗(kW·h/万元)排名

排序	地市	具体数值
1	大兴安岭	302.7
2	牡丹江	336.5
3	哈尔滨	344.8
4	绥化	417.7
5	佳木斯	435.8
6	齐齐哈尔	587.5
7	黑河	602.3
8	大庆	704.3
9	鸡西	782.6
10	双鸭山	1002.6
11	七台河	1108.3
12	伊春	1183.9
13	鹤岗	1515.4

（五）各地市规模以上工业企业综合能源消费量(万吨标准煤)排名情况

表 1-105 各地市规模以上工业企业综合能源消费量(万吨标准煤)排名

排序	地市	具体数值
1	大兴安岭	12.5
2	黑河	75.9
3	佳木斯	155.1
4	牡丹江	161.9
5	伊春	242.9
6	鸡西	250.4
7	绥化	264.4
8	鹤岗	323.7
9	双鸭山	422.1
10	七台河	448.1
11	齐齐哈尔	463.5
12	哈尔滨	680.0
13	大庆	1637.2

(六)各地市生产用水量(万 m³)排名情况

表 1-106 各地市生产用水量(万 m³)排名

排序	地市	具体数值
1	黑河	147.6
2	鸡西	769.7
3	双鸭山	915.5
4	绥化	926.9
5	七台河	1018.9
6	齐齐哈尔	1063.0
7	佳木斯	1294.9
8	伊春	1311.7
9	鹤岗	1364.8
10	牡丹江	4179.0
11	哈尔滨	5508.7
12	大庆	18254.0

(七)各地市人均日生活用水量(L)排名情况

表 1-107 各地市人均日生活用水量(L)排名

排序	地市	具体数值
1	伊春	87.0
2	鹤岗	90.2
3	鸡西	95.4
3	七台河	95.4
5	黑河	100.2
6	双鸭山	109.5
7	佳木斯	114.7
8	齐齐哈尔	127.0
8	大庆	130.0
10	牡丹江	130.8
11	哈尔滨	149.5
12	绥化	155.8

(八)各地市有效灌溉面积(千 hm^2)排名情况

表 1-108   各地市有效灌溉面积(千 hm^2)排名

排序	地市	具体数值
1	齐齐哈尔	875.6
2	哈尔滨	804.6
3	佳木斯	607.0
4	绥化	603.1
5	大庆	539.3
6	鸡西	174.7
7	鹤岗	135.1
8	牡丹江	116.2
9	双鸭山	102.5
10	黑河	92.3
11	伊春	53.7
12	七台河	20.9
13	大兴安岭	9.3

二、各地市资源利用情况

(一)哈尔滨资源利用情况总体分析结果

表 1-109   2018 年度哈尔滨资源利用情况省内排名表

二级指标	1	2	3	4	5	6	7	8
二级指标权重	4	4	4	2	3	2	3	3
2018 年度排名	12	10	1	3	12	11	11	2
得分情况	0.312	1.228	4.000	1.692	0.459	0.460	0.690	2.769
总分	11.610							

(二)齐齐哈尔资源利用情况总体分析结果

表 1-110   2018 年度齐齐哈尔利用情况省内排名表

二级指标	1	2	3	4	5	6	7	8
二级指标权重	4	4	4	2	3	2	3	3
2018 年度排名	8	11	4	6	11	6	8	1
得分情况	1.844	0.923	3.076	1.230	0.690	1.230	1.383	3.000
总分	13.376							

（三）鸡西资源利用情况总体分析结果

表 1-111　2018 年度鸡西资源利用情况省内排名表

二级指标	1	2	3	4	5	6	7	8
二级指标权重	4	4	4	2	3	2	3	3
2018 年度排名	5	2	9	9	6	2	3	6
得分情况	2.768	3.692	1.536	0.768	1.845	1.846	2.538	1.845
总分	16.838							

（四）鹤岗资源利用情况总体分析结果

表 1-112　2018 年度鹤岗资源利用情况省内排名表

二级指标	1	2	3	4	5	6	7	8
二级指标权重	4	4	4	2	3	2	3	3
2018 年度排名	4	9	5	13	8	9	2	7
得分情况	3.076	1.536	2.768	0.152	1.383	0.768	2.769	1.614
总分	14.066							

（五）双鸭山资源利用情况总体分析结果

表 1-113　2018 年度双鸭山资源利用情况省内排名表

二级指标	1	2	3	4	5	6	7	8
二级指标权重	4	4	4	2	3	2	3	3
2018 年度排名	7	7	10	10	9	3	6	9
得分情况	2.152	2.152	1.228	0.614	1.152	1.692	1.845	1.152
总分	11.987							

（六）大庆资源利用情况总体分析结果

表 1-114　2018 年度大庆资源利用情况省内排名表

二级指标	1	2	3	4	5	6	7	8
二级指标权重	4	4	4	2	3	2	3	3
2018 年度排名	6	2	2	8	13	12	9	9
得分情况	2.460	3.692	3.692	0.922	0.228	0.306	1.152	1.152
总分	13.604							

(七)伊春资源利用情况总体分析结果

表 1-115　2018 年度伊春资源利用情况省内排名表

二级指标	1	2	3	4	5	6	7	8
二级指标权重	4	4	4	2	3	2	3	3
2018 年度排名	10	13	7	12	5	8	1	11
得分情况	1.228	0.304	2.152	0.306	2.076	0.922	3.000	0.690
总分	10.678							

(八)佳木斯资源利用情况总体分析结果

表 1-116　2018 年度佳木斯资源利用情况省内排名表

二级指标	1	2	3	4	5	6	7	8
二级指标权重	4	4	4	2	3	2	3	3
2018 年度排名	11	1	6	5	3	7	7	3
得名情况	0.932	4.000	2.460	1.384	3.000	1.076	1.614	2.538
总分	17.004							

(九)七台河资源利用情况总体分析结果

表 1-117　2018 年度七台河资源利用情况省内排名表

二级指标	1	2	3	4	5	6	7	8
二级指标权重	4	4	4	2	3	2	3	3
2018 年度排名	1	6	11	11	10	5	3	12
得分情况	4.000	2.460	0.923	0.460	0.614	1.384	2.538	0.459
总分	12.838							

(十)牡丹江资源利用情况总体分析结果

表 1-118　2018 年度牡丹江资源利用情况省内排名表

二级指标	1	2	3	4	5	6	7	8
二级指标权重	4	4	4	2	3	2	3	3
2018 年度排名	9	8	3	2	4	10	10	8
得分情况	1.536	1.844	3.284	1.846	2.307	0.614	0.921	1.383
总分	13.735							

（十一）黑河资源利用情况总体分析结果

表 1-119　2018 年度黑河资源利用情况省内排名表

二级指标	1	2	3	4	5	6	7	8
二级指标权重	4	4	4	2	3	2	3	3
2018 年度排名	2	4	12	7	2	1	5	10
得分情况	3.692	3.076	0.312	1.076	2.769	2.000	2.076	0.921
总分	15.922							

（十二）绥化资源利用情况总体分析结果

表 1-120　2018 年度绥化资源利用情况省内排名表

二级指标	1	2	3	4	5	6	7	8
二级指标权重	4	4	4	2	3	2	3	3
2018 年度排名	3	12	8	4	7	4	12	4
得分情况	3.384	0.312	1.844	1.538	1.614	1.538	0.306	2.307
总分	12.843							

（十三）大兴安岭资源利用情况总体分析结果

表 1-121　2018 年度大兴安岭资源利用情况省内排名表

二级指标	1	2	3	4	5	6	7	8
二级指标权重	4	4	4	2	3	2	3	3
2018 年度排名	/	5	/	1	1	/	/	13
得分情况	2.152	2.768	2.152	2.000	3.000	1.076	1.614	0.228
总分	14.990							

注：二级指标中无官方统计数据的三个指标取 13 名次的中间位置第 7 名的分数。

三、各地市资源利用总体排名情况

表 1-122　各地市资源利用总体排名

排序	地市	总分
1	佳木斯	17.004
2	鸡西	16.838
3	黑河	15.922
4	大兴安岭	14.990
5	鹤岗	14.066

（续）

排序	地市	总分
6	牡丹江	13.735
7	大庆	13.604
8	齐齐哈尔	13.376
9	绥化	12.843
10	七台河	12.838
11	双鸭山	11.987
12	哈尔滨	11.610
13	伊春	10.678

第三节 资源利用情况总体分析及对策建议

一、各地市二级指标项目总体情况

根据哈尔滨8项二级指标的具体数据，可以看出，哈尔滨的液化石油气用量处于最高区间，虽然2018年度数值比2017年度的有所下降，但仍然远远高出排在后面的佳木斯近3倍；哈尔滨的单位生产总值能耗下降率比2017年度改善明显，但总体排名第10名仍然显得落后；热水集中供热总量指标中哈尔滨表现突出，排在第一名，是第二名的约2.5倍，且呈现较为稳定的正向增长；单位地区生产总值电耗在经历2017年度小幅下降后又出现了反弹，达到344.8kW·h/万元，但整体排名仍然处于第3名的较好成绩；规模以上工业企业综合能源消耗量在经历2017年度大幅下降后又出现反弹，但比2016年度仍有较大改观，只是整体水平仍然过于靠后；生产用水量和人均日生活用水量都呈现上升趋势。在各项目中，热水集中供热总量、单位地区生产总值电耗和有效灌溉面积在全省2018年度的排名情况均为前三名，而地区液化石油气用量、地区生产总值能耗下降率、规模以上企业综合能源消费量、生产用水量和人均生活用水量的排名显得落后，各项目数值均维持较平缓态势。

齐齐哈尔的液化石油气用量2018年度比2017年度下降明显，数值仍明显高于2016年度，排名仍处于第8位，相比前一阶段的数值处于上升过程；单位生产总值能耗下降率与2018年度的对比明显，排名出现了较为明显的下降过程；热水集中供热总量的数值在经历了前几年的下降后，出现了一定上升，排名第4位；单位地区生产总值与前一年度变动不大，排名有所下降；规模以上工业企业综合能源消费量出现了大幅上升，排名过于靠后；生产用水量出现大幅下降；

人均日生活用水量均呈现稳定上升态势，但是绝对值不大；有效灌溉面积仍持续上升，维持了 2017 年度居于全省第 1 位的好成绩。

鸡西的单位地区液化石油气用量对比 2017 年度的下降近一半，排名第 5 位，呈现出明显下降态势；单位生产总值能耗下降率比上一年度的明显上升，但是排名较为稳定地处于第 2 位；热水集中供热总量逐年稳定上升；单位地区生产总值电耗近年来下稳定上升；规模以上工业企业综合能源消费量与上一年度的相近；生产用水量减少近一半，排名从第 9 位上升到第 2 位，变化明显；人均日生活用水量呈现明显上升态势，居于前列，但是从第 1 位下降到了第 3 位；有效灌溉面积小幅增长，较为平稳，各项指标的整体水平居中。

鹤岗单位地区液化石油气用量近年来一直处于平稳地变动状态，2018 年度下降较为明显；单位生产总值能耗下降率出现小幅减缓；热水集中供热总量小幅上升；单位地区生产总值电耗缓慢上升，2017 年度和 2018 年度都是排名在第 13 位；规模以上工业企业综合能源消费量正在经历平稳上升过程，排名没有太大变化；生产用水量上下波动的同时，数值变化平缓；人均日生活用水量呈现平稳上升态势，人均生活用水平排名第 2 位，在各项指标中排名属于较好项；有效灌溉面积稍有下降，但是总排名第 7 位处于中等偏后位置。

双鸭山的液化石油气用量近年来一直处于上升状态，且 2018 年的数值明显大幅上升，排名从第 3 位迅速下降到第 7 位；单位生产总值能耗下降率有所上升，但是总体排名变化不大；热水集中供热总量数值一直处于上下波动区间，2018 年度呈现下降趋势；单位地区生产总值电耗呈现小幅下降，排名从第 11 位上升至第 9 位；规模以上工业企业综合能源消费量均出现数值上的较明显上升，但是排名没有发生变化；生产用水量出现极大幅度上升，增至 2017 年度的约两倍以上，但是排名下降不严重；人均日生活用水量上升平缓，从第 6 位下降至第 9 位；有效灌溉面积小幅度下降。

大庆的单位地区液化石油气用量自 2016 年以来降幅明显，2017 年度仍处于平稳下降的过程，2018 年度开始出现改善，排名有所提升；单位生产总值能耗下降率改善明显，从第 10 位上升至第 2 位，成为 8 个指标中改善最明显的；热水集中供热总量小幅度上升，整体趋势平缓；单位地区生产总值电耗有较明显下降，但是排名变化不大；规模以上工业企业综合能源消费量小幅下降，但是排名仍然很靠后；生产用水量均处于平缓上升过程，且排名靠后，有待改善，与排名第 11 位的哈尔滨相差近一倍；人均日生活用水量缓慢下降，趋势良好；有效灌溉面积稳步上升。

伊春的液化石油气用量前期略高，2017 年排名第 11 位，比较靠后，2018 年度仍在数值上小幅度增加，但排名从第 11 位上升到第 10 位，有所进步；单位生产总值能耗下降率明显上升，在 2017 年度第 13 位基础上上升至第 10 位；热水集中供热总量出现小幅度下降；单位地区生产总值电耗经历正 U 形过后的下降过程后，在 2018 年度出现了大幅度上升；规模以上工业企业综合能源消费量虽然处于上升过程，但是名次较为稳定在中等偏上区间；生产用水量近三年数值平缓，2018 年度出现小幅度下降，排名下降至第 8 位；人均日生活用水量和效灌溉面积处于波浪式小幅上升过程。

通过佳木斯 8 项二级指标的具体数据，可以看出，液化石油气用量比 2017 年度的数值出现极大幅度增长，达到 2017 年度总量的近 4 倍，导致排名从第 6 位下降至第 11 位；单位生产总值能耗下降率明显好转；热水集中供热总量出现平缓上升的态势；单位地区生产总值电耗出现趋势小幅度的上升；规模以上工业企业综合能源消费量平稳上升；生产用水量和人均日生活用水量均呈现小幅上升；有效灌溉面积明显上升，趋势渐强，从第 5 位上升至第 3 位。

七台河单位地区液化石油气用量最低，且呈现平缓下降态势，2018 年度仍排名第 1 位，且数值出现了小幅度下降；单位生产总值能耗下降率具体数值有所改善；热水集中供热总量数值虽然波动不大，但是已经在 2018 年度出现了较为明显的上升趋势；单位地区生产总值电耗平稳上升后迎来下降势头，从 2016 年度就开始出现平缓下降的明显走势；规模以上工业企业综合能源消费量小幅回升；生产用水量自 2017 年度开始呈现明显下降，由第 6 位上升至第 5 位，处于中等位置；人均日生活用水量有所下降，2017 年度处于第 5 位，2018 年度上升至第 3 位；有效灌溉面积具体数值变动不大，数值小幅度上升。

牡丹江 8 项二级指标的具体数据中，液化石油气用量 2014 年度的初始值极高，自 2015 年度出现下降趋势，2017 年度明显下降到初始值一半，2018 年度下降趋势依然明显；单位生产总值能耗下降率有所回升，但 2018 年度排名从第 6 位下降至第 8 位；热水集中供热总量在平缓态势下出现了微小幅度上升；单位地区生产总值电耗和规模以上工业企业综合能源消费量小幅度下降；生产用水量出现了极为明显的下降，2018 年度数值比 2017 年度的减少一半以上，但是排名只上升了一位；人均日生活用水量数值上升微弱，但是排名从第 8 位，下降至第 10 位；有效灌溉面积稳步上升。

黑河的液化石油气用量 2018 年度数值出现明显下降，但是排名只从第 1 位下降到了第 2 位，影响不大；单位生产总值能耗下降率处于负值区间，2018 年度有所改善，且名次上升明显；热水集中供热总量出现了较为平缓的下降，但是仍处于中等偏下的水平；单位地区生产总值电耗小幅度增加；生产用水量波浪式下降；人均日生活用水量继续上升，趋势明显，排名从第 4 位下降至第 5 位；有效灌溉面积较明显上升，排名不变。

绥化的单位地区液化石油气用量 2016 年度之后出现了明显的下降趋势，2018 年度比 2017 年度数值下降明显，排名从第 4 位上升至第 3 位；经历了多年的负值区间波动，单位生产总值能耗下降率 2018 年度进入正值区间，排名也因此从第 9 位下降至第 12 位；热水集中供热总量数值呈现较为明显的下降趋势；单位地区生产总值电耗近两年数值明显下降，趋势平稳；规模以上工业企业综合能源消费量平缓上升，趋势渐强；生产用水量呈现明显下降趋势，排名从第 6 位上升至第 4 位；人均日生活用水量在 2017 年度出现了明显的下降拐点，2018 年度仍在稳步下降；有效灌溉面积上升平稳。

从大兴安岭的 8 项二级指标的具体数据可以看出，单位生产总值能耗下降率在负值区间，从 2017 年度第 1 位下降至 2018 年度第 5 位；单位地区生产总值电耗变化幅度不大，稳定居于第 1 位；规模以上工业企业综合能源消费量平稳下降，排在第 2 位；有效灌溉面积相比 2017 年度，数值和排名均未发生变化。

二、存在的问题

（一）各地市资源利用总体水平提高，但总分值仍存在一定差异

观察总体排名情况可以看出，黑龙江省各地市在二级指标各项目中存在较大的差异，但是综合情况的个体差异没有呈现单项指标中严重的两极分化，总体分值在可控区间。其中，佳木斯连续两年蝉联第 1 名，2017 年度总成绩为 17.149 分，2018 年度出现了小幅下降，总分为 17.004 分；紧随其后的鸡西总分为 16.838 分；黑河列第 3 位，成绩为 15.922 分；大兴安岭以 14.990 分列第 4 位，有所上升；鹤岗以 14.066 分的分值仍然位居第 5 位；牡丹江以 13.735 分排列第 6 位；大庆名次上升明显，总分 13.604 分，位居第 7 位；齐齐哈尔以 13.376 分列第 8 位；绥化和七台河分别以 12.843 分和 12.838 分分列第 9 位和第 10 位；双鸭山和哈尔滨分别得分 11.987 分和 11.610 分，排名第 11 位和第 12 位。最后一位的伊春总成绩下降明显，分值为 10.678 分，与第 1 位存在 6.326 分的较大分差。对比总分可以看出，黑龙江省各地市的总体差异在不断缩小，分差已经从 2017 年度的 10.166 分下降至 6.326 分；2017 年度的数值中有多个低于 10 分的地市，在 2018 年度的数值中，所有地市成绩均有了整体上升，最后一名的总分也已超过 10 分。

（二）各地市二级指标内部差异增大

各地市的二级指标内部差异仍然明显。从各二级指标总体来看，各地市单位地区液化石油气用量的绝对值差异较大，排名第 1 的七台河只有 1325t，好于

2017 年度的 1430t，而最后一名的哈尔滨虽有小幅度降低，但 2018 年度的数值仍然高达 69000t，约为第 1 名的 52 倍，比 2017 年度的 49 倍差异更大。各地市单位生产总值能耗下降率的正值地市增多，从 2017 年度的伊春 1 个地市，发展到 2018 年度的 4 个地市，说明黑龙江省 2018 年度的单位生产总值能耗整体出现了反弹，资源利用率在个别地市出现了不同程度的下降。其中，下降最为明显的仍然是佳木斯市（-3.67%），而排名最后的仍然是伊春（正值区间的 2.57%），说明地市间存在明显差异。2018 年度新增项目热水集中供热总量中各地市的数值在分布态势上相对一致，表现为前期陡峭，后期平缓的整体上升趋势；同时，应该注意到，该项目的第一位哈尔滨 16550.0 万 GJ 是第二位大庆 6425.0 万 GJ 的约 2.5 倍，整体差异仍较大。2018 年度，黑龙江省各地市单位地区生产总值电耗中用电量排名变化不大，整体数值下降。其中，用电量最大的城市从鹤岗改为伊春，达到 1183.9kW·h/万元，是大兴安岭 302.7kW·h/万元的约 3.91 倍，比上一年度 8.12 倍差距明显缩小，充分证明这一二级指标存在各地市差异逐渐减少。各地市规模以上工业企业综合能源消费量仍然是所有二级指标中个体差异较为明显的一项，排在最后一位的大庆的绝对数值有所下降，但是 1637.2 万吨标准煤，是排在第一位的大兴安岭 12.5 万吨标准煤的约 130.976 倍，差异明显大于 2017 年度的。各地市生产用水排名基本没有变化，个别数值有所下降，仍然是所有二级指标中个体差异较巨大的一项，排在最后一位的大庆 18254.0 万 m^3 是排在第 1 位的黑河 147.6 万 m^3 的约 124 倍，比上一年度的差异性扩大了约 19 倍，充分证明在生产领域，因为产业格局、产业规模的影响，不同地市在具体用水量上存在巨大差异。各地市人均日生活用水量二级指标中的各地市整体差异不大，但是在趋势图中可以看出其发展呈现不同走向，这与当地政府城市供水管道建设、居民日常使用习惯等因素密切相关，也能够从一个侧面反映当地居民的生态文明发展状态，尤其是其节约用水的意识是否在不断加强。具体到 2018 年度的数值，可以看出排名有所变化，整体下降趋势明显，排在最后一位的绥化人均日用水量达到了 155.8L，有所改善，是排在第 1 位的伊春 87.0L 的约 1.79 倍，比上一年度的 2.39 倍差异见效，个别地市的配套设施和节水宣传都有待改善和加强。有效灌溉面积排名和数值都较为稳定，从一个侧面反映了当地农业生产过程中是否高效利用了水资源，在本项目排名中，可以看出个体差异是十分巨大的，排在第一位的齐齐哈尔 875.6 千 hm^2 是最后一位大兴安岭 9.3 千 hm^2 的约 94 倍，差异持续扩大。这一项目的最后成绩与当地的原有基础和地理环境等自然情况有密切关系，从趋势分析中可以看出，各地市均呈现缓慢、稳步上升的态势，整体发展情况向好。

三、对策建议

在未来的发展过程中，黑龙江省在资源利用方面应该着重从以下几个角度进行调整。

(一)全力"开展绿色生活创建活动"

党的十九届五中全会审议通过的《中共中央关于制定国民经济和社会发展第十四个五年规划和二○三五年远景目标的建议》(以下简称《建议》)第一次提出"开展绿色生活创建活动"，我国"十四五"规划提出了推进我国经济社会发展全面绿色转型的重要举措，以实现经济高质量发展，建设人与自然和谐共生的现代化。为此，要全力开展绿色生活创建活动，让良好生态环境者最公平的公共产品和最普惠的民生福祉成为人们更加美好生活的增长点，成为提高人们生活品质的动力和支撑点。

(二)优化能源使用结构

黑龙江省除了煤、石油等传统能源，还蕴藏着石墨、铁矿石等新型能源，有着广阔的市场前景。因此，应该开发符合当地需求的，符合行业和地区需要的清洁能源，积极响应国家号召，大力开发省内天然气资源，投资天然气或液态天然气设施建设，着手取代依赖原煤的小型工厂，加大对清洁煤技术的研究和开发，加大对风能、太阳能等清洁能源技术的发展，引入市场机制，在政策主导下，将经济成本与能源稀缺性挂钩，促进资源利用效率的整体提升。此外，还应引进先进技术，开发风能和新型清洁能源，创新发展秸秆复合菌及生物电等项目，化污染为能源。

(三)制定统筹兼顾的地区政策，促进区域间协调同步发展

根据各地区实际特点和发展需要，制定符合行业发展需要的相关标准。优化能源生产方式，通过能源供需与储备间的自平衡体，实现各地市与全省整体情况之间的友好互动和最优，在能源产生过程中形成集中式与分布式协调发展、相辅相成的供应模式。各地市间资源使用情况的巨大差异与黑龙江省各地市发展重点有着密切联系，结合当地产业结构、GDP 水平、工业以上企业数量等经济发展因素可知，黑龙江省在发展过程中，不同地市有所侧重。兼顾不同产业和地区的生产特点，在进行资源利用整体评估时，应该全面考虑到各地市的产业布局，并重点考评其发展趋势；通过信息、技术、资源、政策调整，平衡和缩小各地市之间的差距，实现黑龙江省资源利用情况的整体改善。

（四）紧跟中央政策，利用好区位优势和环境优势

2021年《黑龙江省政府工作报告》总结了过去的工作，为新的一年精神文明建设作出了新的论断，就是"要推动生态文明建设实现新突破，让龙江山川更锦绣，人与自然更和谐"。《黑龙江省政府工作报告》体现了习近平总书记指出的要"加快构建生态文明体系""到本世纪中叶，建成富强文明和谐美丽的社会主义现代化强国"。《黑龙江省政府工作报告》提出"要推动生态文明建设实现新突破"，就是要贯彻党的十八大报告提出的"全面落实经济建设、政治建设、文化建设、社会建设、生态文明建设五位一体布局。"党的十八届五中全会讲话中也提出"创新、绿色、协调、开放、共享"新发展理念，"绿色"是新发展观的本色和底色。在实际工作中应紧跟中央各项政策主张，发挥环境资源优势，利用清洁型资源发展地方经济，并将特色产业做大做强，在冰雪经济和冰雪旅游方面拓展渠道，落实好"冰天雪地也是金山银山"理念，真正实现"白雪换白银"。此外，利用好的地理位置上的优势，在对俄合作过程中发挥好应有作用，加强与中国石油天然气股份有限公司的有效沟通，利用俄气过境优势，加紧谋划建设一批油气资源精深加工重大项目，既保障能源供给、支撑经济发展，又保护绿水青山黑土地，让群众感受到蓝天白云也是幸福。黑龙江省已经建立了巩固提升绿色生态优势的发展目标，并按着习近平总书记的要求"用最严格制度最严密法治保护生态环境"。

研究过程中，本章选取的少数数据存在某一地市数据欠奉的情况，因为统计年鉴中项目变动，今年临时对项目3的内容进行了调整和替换，在动态分析过程中，也存在数据跨度不够大的情况，数据分析没有扩大到与其他省份及全国整体水平的比较，这些都是今后的研究中需要不断调整和完善的。

第二章
各地市生态环境保护情况

2018 年，黑龙江省继续以习近平生态文明思想为指导，秉承"绿水青山就是金山银山""冰天雪地也是金山银山"的发展理念，打造生态强省、建设美丽龙江。黑龙江省坚持整休保护、宏观管控、综合治理。坚持以改善生态环境质量为工作核心，集中精力打好污染防治攻坚战。认真贯彻新发展理念，突出精准治污、科学治污、依法治污，坚持环境治理的方向不变、加快现代环境治理体系建设，保证环境治理的力度，拓宽环境治理广度，延伸环境治理深度，从点位突破到整体推进，构建环境治理的全方位长效机制。黑龙江省坚决扛起生态环境保护的政治责任，积极推进生态文明建设，营造浓厚的生态文明环境保护社会氛围，2018 年生态环境保护各项工作和日标下沉督办得到落实，取得了环境保护实效，推动绿色发展迈上新台阶。

本章研究对象为黑龙江省生态环境保护情况，下设 12 项二级指标，为保证数据指标的稳定性、数据分析的科学合理性。2018 年的统计数据与 2017 年的生态环境保护情况的 12 项指标相同：①地级及以上城市空气质量达标天数比率；②地级及以上城市细颗粒物（$PM_{2.5}$）浓度（$\mu g/m^3$）；③地级及以上城市 Ⅰ ~ Ⅲ 类水质比例；④地级及以上城市废水排放量（万 t）；⑤地级及以上城市化学需氧量 COD 排放量（t）；⑥地级及以上城市氨氮排放量（t）；⑦地级及以上城市二氧化硫排放量（t）；⑧地级及以上城市氮氧化物排放量（t）；⑨地级及以上城市烟粉排放量（t）；⑩地级及以上城市园林绿地面积（hm^2）；⑪地级及以上城市建成区绿化覆盖率（％）；⑫地级及以上城市清扫保洁面积（万 m^2）。

本章数据来源为：黑龙江统计局发布的 2015 年到 2019 年的《黑龙江统计年鉴》，其统计数据为 2014 年度到 2018 年度黑龙江环境保护相关统计数据。黑龙江省生态环境厅发布的 2015 年到 2019 年《黑龙江省环境状况公报》《黑龙江省环境质量状况》，其发布数据为 2014 年度到 2018 年度黑龙江环境保护相关统计数据。

本章第一节经过对数据统计，以图表形式对黑龙江省 13 地市近年来生态环境保护状况进行客观数据展示。第二节通过赋值排名、对比、分析，通过客观数据排名对比对黑龙江省13地市生态环境保护进行直观评价。第三节对黑龙江省各地市生态环境保护情况进行分析并提出对策建议。

第一节 生态环境保护二级指标情况

一、哈尔滨市生态环境保护情况

(一)哈尔滨市生态环境保护二级指标单项分析结果

1. 哈尔滨市空气质量达标天数比例(%)

表 2-1 哈尔滨市空气质量达标天数比(%)

年度	2014	2015	2016	2017	2018
数值	66.3	63.1	77.0	74.2	85.6

2. 哈尔滨市细颗粒物(PM$_{2.5}$)浓度(μg/m³)

表 2-2 哈尔滨市细颗粒物(PM$_{2.5}$)浓度(μg/m³)

年度	2014	2015	2016	2017	2018
数值	—	70	52	58	39

3. 哈尔滨市Ⅰ~Ⅲ类水质比例(%)

表 2-3 哈尔滨市Ⅰ~Ⅲ类水质比例(%)

年度	2014	2015	2016	2017	2018
数值	—	—	—	50.0	72.0

4. 哈尔滨市废水排放量(万t)

表 2-4 哈尔滨市废水排放量(万t)

年度	2014	2015	2016	2017	2018
数值	39673.4	41257.2	41992.76	40203.7	2218.8

5. 哈尔滨市化学需氧量COD排放量(t)

表 2-5 哈尔滨市化学需氧量COD排放量(t)

年度	2014	2015	2016	2017	2018
数值	294365.1	280440.3	70972.4	67497.5	2097.3

6. 哈尔滨市氨氮排放量(t)

表 2-6　哈尔滨市氨氮排放量(t)

年度	2014	2015	2016	2017	2018
数值	19759.01	17688.60	11161.83	11821.6	213.6

7. 哈尔滨市二氧化硫排放量(t)

表 2-7　哈尔滨市二氧化硫排放量(t)

年度	2014	2015	2016	2017	2018
数值	120111	115261	110215.9	103599.4	16424.7

8. 哈尔滨市氮氧化物排放量(t)

表 2-8　哈尔滨市氮氧化物排放量(t)

年度	2014	2015	2016	2017	2018
数值	146343	146343	126371.7	64793.8	30192.7

9. 哈尔滨市烟粉排放量(t)

表 2-9　哈尔滨市烟粉排放量(t)

年度	2014	2015	2016	2017	2018
数值	235684.5	185739.2	180189.6	166292.4	14632.3

10. 哈尔滨市城市园林绿地面积(hm^2)

表 2-10　哈尔滨市城市园林绿地面积(hm^2)

年度	2014	2015	2016	2017	2018
数值	13452.0	13514.0	13797.0	13958	15195

11. 哈尔滨市建成区绿化覆盖率(%)

表 2-11　哈尔滨市建成区绿化覆盖率(%)

年度	2014	2015	2016	2017	2018
数值	35.5	35.4	33.6	33.7	35.4

12. 哈尔滨市清扫保洁面积(万 m^2)

表 2-12　哈尔滨市清扫保洁面积(万 m^2)

年度	2014	2015	2016	2017	2018
数值	7125	7945	8255	9410	8908

二、齐齐哈尔市生态环境保护情况

(一)齐齐哈尔市生态环境保护二级指标单项分析结果

1. 齐齐哈尔市空气质量达标天数比例(%)

表 2-13　齐齐哈尔市空气质量达标天数比例(%)

年度	2014	2015	2016	2017	2018
数值	85.6	86.8	91.0	87.4	94.2

2. 齐齐哈尔市细颗粒物(PM$_{2.5}$)浓度(μg/m³)

表 2-14　齐齐哈尔市细颗粒物(PM$_{2.5}$)浓度(μg/m³)

年度	2014	2015	2016	2017	2018
数值		38	36	38	28

3. 齐齐哈尔市 Ⅰ~Ⅲ 类水质比例(%)

表 2-15　齐齐哈尔市 Ⅰ~Ⅲ 类水质比例(%)

年度	2014	2015	2016	2017	2018
数值	24.9	45.6	33.1	77.8	44.4

4. 齐齐哈尔市废水排放量(万 t)

表 2-16　齐齐哈尔市废水排放量(万 t)

年度	2014	2015	2016	2017	2018
数值	17686.6	17193.9	12098.7	11985.2	2928.1

5. 齐齐哈尔市化学需氧量 COD 排放量(t)

表 2-17　齐齐哈尔市化学需氧量 COD 排放量(t)

年度	2014	2015	2016	2017	2018
数值	223198.9	219338.0	38189.2	31942.1	6001.2

6. 齐齐哈尔市氨氮排放量(t)

表 2-18　齐齐哈尔市氨氮排放量(t)

年度	2014	2015	2016	2017	2018
数值	11472.3	10908.0	4960.8	3407.5	532.4

7. 齐齐哈尔市二氧化硫排放量(t)

表 2-19　齐齐哈尔市二氧化硫排放量(t)

年度	2014	2015	2016	2017	2018
数值	69530.3	62281.3	39957.7	33622.3	10564.0

8. 齐齐哈尔市氮氧化物排放量(t)

表 2-20　齐齐哈尔市氮氧化物排放量(t)

年度	2014	2015	2016	2017	2018
数值	103460	95304.2	66661.8	26594.0	15405.1

9. 齐齐哈尔市烟粉排放量(t)

表 2-21　齐齐哈尔市烟粉排放量(t)

年度	2014	2015	2016	2017	2018
数值	117442.1	88988.0	23505.8	39601.1	14587.8

10. 齐齐哈尔市城市园林绿地面积(hm^2)

表 2-22　齐齐哈尔市城市园林绿地面积(hm^2)

年度	2014	2015	2016	2017	2018
数值	6097.0	6097.0	6097.0	6097	6097

11. 齐齐哈尔市建成区绿化覆盖率(%)

表 2-23　齐齐哈尔市建成区绿化覆盖率(%)

年度	2014	2015	2016	2017	2018
数值	38.6	38.6	38.6	38.3	38.3

12. 齐齐哈尔市清扫保洁面积(万 m^2)

表 2-24　齐齐哈尔市清扫保洁面积(万 m^2)

年度	2014	2015	2016	2017	2018
数值	1394	1599	1676	1887	1903

三、大庆市生态环境保护情况

(一)大庆市生态环境保护二级指标单项分析结果

1. 大庆市空气质量达标天数比例(%)

表 2-25　大庆市空气质量达标天数比例(%)

年度	2014	2015	2016	2017	2018
数值	87.1	87.3	89.1	87.4	94.1

2. 大庆市细颗粒物(PM$_{2.5}$)浓度(μg/m^3)

表 2-26　大庆市细颗粒物(PM$_{2.5}$)浓度(μg/m^3)

年度	2014	2015	2016	2017	2018
数值	—	45	38	35	27

3. 大庆市Ⅰ～Ⅲ类水质比例(%)

表 2-27 大庆市Ⅰ～Ⅲ类水质比例(%)

年度	2014	2015	2016	2017	2018
数值	—	—	—	50.0	66.7

4. 大庆市废水排放量(万 t)

表 2-28 大庆市废水排放量(万 t)

年度	2014	2015	2016	2017	2018
数值	13450.3	14014.6	14229.7	15856.1	3683.1

5. 大庆市化学需氧量 COD 排放量(t)

表 2-29 大庆市化学需氧量 COD 排放量(t)

年度	2014	2015	2016	2017	2018
数值	138945.0	136779.0	4641.5	4274.5	1919.9

6. 大庆市氨氮排放量(t)

表 2-30 大庆市氨氮排放量(t)

年度	2014	2015	2016	2017	2018
数值	5443.0	5299.0	1166.9	2274.6	100.3

7. 大庆市二氧化硫排放量(t)

表 2-31 大庆市二氧化硫排放量(t)

年度	2014	2015	2016	2017	2018
数值	40522.0	39346.0	22041.6	20927.6	13286.2

8. 大庆市氮氧化物排放量(t)

表 2-32 大庆市氮氧化物排放量(t)

年度	2014	2015	2016	2017	2018
数值	95728.8	74443.0	63154.2	33824.0	30844.4

9. 大庆市烟粉排放量(t)

表 2-33 大庆市烟粉排放量(t)

年度	2014	2015	2016	2017	2018
数值	47271.4	33824.9	26138.2	21736.1	8637.9

10. 大庆市城市园林绿地面积(hm^2)

表 2-34 大庆市城市园林绿地面积(hm^2)

年度	2014	2015	2016	2017	2018
数值	22355.0	22410.0	22455.6	13310	13442

11. 大庆市建成区绿化覆盖率(%)

表 2-35　大庆市建成区绿化覆盖率(%)

年度	2014	2015	2016	2017	2018
数值	45.4	45.6	45.5	43.4	43.7

12. 大庆市清扫保洁面积(万 m²)

表 2-36　大庆市清扫保洁面积(万 m²)

年度	2014	2015	2016	2017	2018
数值	3502	3542	3542	3600	3600

四、牡丹江市生态环境保护情况

(一)牡丹江市生态环境保护二级指标单项分析结果

1. 牡丹江市空气质量达标天数比例(%)

表 2-37　牡丹江市空气质量达标天数比例(%)

年度	2014	2015	2016	2017	2018
数值	73.2	79.7	89.9	90.1	91.7

2. 牡丹江市细颗粒物(PM$_{2.5}$)浓度(μg/m³)

表 2-38　牡丹江市细颗粒物(PM$_{2.5}$)浓度(μg/m³)

年度	2014	2015	2016	2017	2018
数值	—	48	37	36	30

3. 牡丹江市 I ~ III 类水质比例

表 2-39　牡丹江市 I ~ III 类水质比例(%)

年度	2014	2015	2016	2017	2018
数值	116.8	88.3	101.0	100	80

4. 牡丹江市废水排放量(万 t)

表 2-40　牡丹江市废水排放量(万 t)

年度	2014	2015	2016	2017	2018
数值	8512.8	8455.3	9904.3	13534.3	539.2

5. 牡丹江市化学需氧量 COD 排放量(t)

表 2-41　牡丹江市化学需氧量 COD 排放量(t)

年度	2014	2015	2016	2017	2018
数值	48565.2	48776.7	19874.8	13480.3	605.8

6. 牡丹江市氨氮排放量(t)

表 2-42　牡丹江市氨氮排放量(t)

年度	2014	2015	2016	2017	2018
数值	4893.3	4837.8	3478.7	2702.8	32.4

7. 牡丹江市二氧化硫排放量(t)

表 2-43　牡丹江市二氧化硫排放量(t)

年度	2014	2015	2016	2017	2018
数值	33157.0	37049.8	19825.6	16245.9	6673.8

8. 牡丹江市氮氧化物排放量(t)

表 2-44　牡丹江市氮氧化物排放量(t)

年度	2014	2015	2016	2017	2018
数值	54885.0	52525.1	33729.0	15334.0	9429.8

9. 牡丹江市烟粉排放量(t)

表 2-45　牡丹江市烟粉排放量(t)

年度	2014	2015	2016	2017	2018
数值	69001.6	42419.9	17987.4	17128.5	5516.3

10. 牡丹江市城市园林绿地面积(hm^2)

表 2-46　牡丹江市城市园林绿地面积(hm^2)

年度	2014	2015	2016	2017	2018
数值	5182.0	5155.0	5160.0	5296	5340

11. 牡丹江市建成区绿化覆盖率(%)

表 2-47　牡丹江市建成区绿化覆盖率(%)

年度	2014	2015	2016	2017	2018
数值	37.6	20.6	21.0	27.1	27.6

12. 牡丹江市清扫保洁面积(万 m^2)

表 2-48　牡丹江市清扫保洁面积(万 m^2)

年度	2014	2015	2016	2017	2018
数值	1300	1300	1399	1444	1521

五、鸡西市生态环境保护情况

(一)鸡西市生态环境保护二级指标单项分析结果

1. 鸡西市空气质量达标天数比例(%)

表 2-49　鸡西市空气质量达标天数比例(%)

年度	2014	2015	2016	2017	2018
数值	96.2	93.4	94.0	84.1	89.8

2. 鸡西市细颗粒物($PM_{2.5}$)浓度($\mu g/m^3$)

表 2-50　鸡西市细颗粒物($PM_{2.5}$)浓度($\mu g/m^3$)

年度	2014	2015	2016	2017	2018
数值	—	29	28	43	34

3. 鸡西市 I～III 类水质比例(%)

表 2-51　鸡西市 I～III 类水质比例(%)

年度	2014	2015	2016	2017	2018
数值	51.7	40.6	46.0	50.0	50.0

4. 鸡西市废水排放量(万 t)

表 2-52　鸡西市废水排放量(万 t)

年度	2014	2015	2016	2017	2018
数值	7171.2	6575.7	5589.8	5855.4	933.0

5. 鸡西市化学需氧量 COD 排放量(t)

表 2-53　鸡西市化学需氧量 COD 排放量(t)

年度	2014	2015	2016	2017	2018
数值	38205.0	37443.0	19321.4	15256.7	514.3

6. 鸡西市氨氮排放量(t)

表 2-54　鸡西市氨氮排放量(t)

年度	2014	2015	2016	2017	2018
数值	3325.0	3233.3	2620.6	2097.8	2.9

7. 鸡西市二氧化硫排放量(t)

表 2-55　鸡西市二氧化硫排放量(t)

年度	2014	2015	2016	2017	2018
数值	24734.0	22032.1	9903.8	7652.0	6708.3

8. 鸡西市氮氧化物排放量(t)

表2-56　鸡西市氮氧化物排放量(t)

年度	2014	2015	2016	2017	2018
数值	30649.3	26242.1	19609.7	11400.0	10995.8

9. 鸡西市烟粉排放量(t)

表2-57　鸡西市烟粉排放量(t)

年度	2014	2015	2016	2017	2018
数值	41415.6	43467.6	8506.2	5303.8	4183.4

10. 鸡西市城市园林绿地面积(hm^2)

表2-58　鸡西市城市园林绿地面积(hm^2)

年度	2014	2015	2016	2017	2018
数值	2803.0	2808.5	2808.5	2808	2808

11. 鸡西市建成区绿化覆盖率(%)

表2-59　鸡西市建成区绿化覆盖率(%)

年度	2014	2015	2016	2017	2018
数值	40.1	39.5	38.9	39.5	39.6

12. 鸡西市清扫保洁面积(万 m^2)

表2-60　鸡西市清扫保洁面积(万 m^2)

年度	2014	2015	2016	2017	2018
数值	560	610	620	666	790

六、鹤岗市生态环境保护情况

(一)鹤岗市生态环境保护二级指标单项分析结果

1. 鹤岗市空气质量达标天数比例(%)

表2-61　鹤岗市空气质量达标天数比例(%)

年度	2014	2015	2016	2017	2018
数值	80.1	89.6	90.9	90.9	95.3

2. 鹤岗市细颗粒物($PM_{2.5}$)浓度($\mu g/m^3$)

表2-62　鹤岗市细颗粒物($PM_{2.5}$)浓度($\mu g/m^3$)

年度	2014	2015	2016	2017	2018
数值	—	48	38	35	27

3. 鹤岗市 I～III类水质比例（%）

表 2-63　鹤岗市 I～III类水质比例（%）

年度	2014	2015	2016	2017	2018
数值	38.3	33.4	49.0	—	—

4. 鹤岗市废水排放量（万 t）

表 2-64　鹤岗市废水排放量（万 t）

年度	2014	2015	2016	2017	2018
数值	6529.8	7159.0	7960.0	7082.1	4200.4

5. 鹤岗市化学需氧量 COD 排放量（t）

表 2-65　鹤岗市化学需氧量 COD 排放量（t）

年度	2014	2015	2016	2017	2018
数值	25538.8	23731.1	11913.7	9394.5	2302.8

6. 鹤岗市氨氮排放量（t）

表 2-66　鹤岗市氨氮排放量（t）

年度	2014	2015	2016	2017	2018
数值	2258.0	2031.7	1883.9	1872.5	66.7

7. 鹤岗市二氧化硫排放量（t）

表 2-67　鹤岗市二氧化硫排放量（t）

年度	2014	2015	2016	2017	2018
数值	17208.5	19843.4	12149.8	12468.7	4101.9

8. 鹤岗市氮氧化物排放量（t）

表 2-68　鹤岗市氮氧化物排放量（t）

年度	2014	2015	2016	2017	2018
数值	30307.9	25110.3	21750.6	17051.2	9866.0

9. 鹤岗市烟粉排放量（t）

表 2-69　鹤岗市烟粉排放量（t）

年度	2014	2015	2016	2017	2018
数值	26605.2	27457.7	25731.8	34992.4	18151.0

10. 鹤岗市城市园林绿地面积（hm^2）

表 2-70　鹤岗市城市园林绿地面积（hm^2）

年度	2014	2015	2016	2017	2018
数值	2886.0	2897.0	2903.0	2870	2871

11. 鹤岗市建成区绿化覆盖率(%)

表 2-71 鹤岗市建成区绿化覆盖率(%)

年度	2014	2015	2016	2017	2018
数值	42.2	42.3	42.4	41.3	41.3

12. 鹤岗市清扫保洁面积(万 m²)

表 2-72 鹤岗市清扫保洁面积(万 m²)

年度	2014	2015	2016	2017	2018
数值	397	436	448	448	485

七、双鸭山市生态环境保护情况

(一)双鸭山市生态环境保护二级指标单项分析结果

1. 双鸭山市空气质量达标天数比例(%)

表 2-73 双鸭山市空气质量达标天数比例(%)

年度	2014	2015	2016	2017	2018
数值	97	87.7	92.1	90.4	93.9

2. 双鸭山市细颗粒物(PM$_{2.5}$)浓度(μg/m³)

表 2-74 双鸭山市细颗粒物(PM$_{2.5}$)浓度(μg/m³)

年度	2014	2015	2016	2017	2018
数值	——	43	34	42	28

3. 双鸭山市Ⅰ~Ⅲ类水质比例(%)

表 2-75 双鸭山市Ⅰ~Ⅲ类水质比例(%)

年度	2014	2015	2016	2017	2018
数值	43.9	42.6	40.0	66.7	50

4. 双鸭山市废水排放量(万 t)

表 2-76 双鸭山市废水排放量(万 t)

年度	2014	2015	2016	2017	2018
数值	6270.5	6735.9	6743.3	5929.7	2083.2

5. 双鸭山市化学需氧量 COD 排放量(t)

表 2-77 双鸭山市化学需氧量 COD 排放量(t)

年度	2014	2015	2016	2017	2018
数值	47466.6	47331.0	13628.6	13611.0	1357.5

6. 双鸭山市氨氮排放量(t)

表 2-78　双鸭山市氨氮排放量(t)

年度	2014	2015	2016	2017	2018
数值	3241.6	3218.0	1723.7	1677.0	73.6

7. 双鸭山市二氧化硫排放量(t)

表 2-79　双鸭山市二氧化硫排放量(t)

年度	2014	2015	2016	2017	2018
数值	26522.2	26091.0	21176.9	18837.5	8635.2

8. 双鸭山市氮氧化物排放量(t)

表 2-80　双鸭山市氮氧化物排放量(t)

年度	2014	2015	2016	2017	2018
数值	48927.4	40119.0	30056.3	13671.9	8102.3

9. 双鸭山市烟粉排放量(t)

表 2-81　双鸭山市烟粉排放量(t)

年度	2014	2015	2016	2017	2018
数值	50768.6	47994.6	37698.9	28101.6	17558.7

10. 双鸭山市城市园林绿地面积(hm^2)

表 2-82　双鸭山市城市园林绿地面积(hm^2)

年度	2014	2015	2016	2017	2018
数值	2309.7	2318.5	2318.5	2319	2319

11. 双鸭山市建成区绿化覆盖率(%)

表 2-83　双鸭山市建成区绿化覆盖率(%)

年度	2014	2015	2016	2017	2018
数值	43.6	43.7	43.7	43.7	43.6

12. 双鸭山市清扫保洁面积(万 m^2)

表 2-84　双鸭山市清扫保洁面积(万 m^2)

年度	2014	2015	2016	2017	2018
数值	270	272	298	333	364

八、伊春市生态环境保护情况

(一)伊春市生态环境保护二级指标单项分析结果

1. 伊春市空气质量达标天数比例(%)

表 2-85 伊春市空气质量达标天数比例(%)

年度	2014	2015	2016	2017	2018
数值	98.6	96	98.2	94.0	98.6

2. 伊春市细颗粒物(PM$_{2.5}$)浓度(μg/m³)

表 2-86 伊春市细颗粒物(PM$_{2.5}$)浓度(μg/m³)

年度	2014	2015	2016	2017	2018
数值	—	30	19	23	21

3. 伊春市 I ~ Ⅲ类水质比例(%)

表 2-87 伊春市 I ~ Ⅲ类水质比例(%)

年度	2014	2015	2016	2017	2018
数值	112.5	81.2	105.2	42.9	28.6

4. 伊春市废水排放量(万 t)

表 2-88 伊春市废水排放量(万 t)

年度	2014	2015	2016	2017	2018
数值	6051.0	6005.3	5424.4	5917.7	539.6

5. 伊春市化学需氧量 COD 排放量(t)

表 2-89 伊春市化学需氧量 COD 排放量(t)

年度	2014	2015	2016	2017	2018
数值	40800	39562.3	17984.2	12870.6	228.7

6. 伊春市氨氮排放量(t)

表 2-90 伊春市氨氮排放量(t)

年度	2014	2015	2016	2017	2018
数值	3810.0	3748.0	2273.3	1398.0	18.7

7. 伊春市二氧化硫排放量(t)

表 2-91 伊春市二氧化硫排放量(t)

年度	2014	2015	2016	2017	2018
数值	18678.0	19916.0	14066.5	11138.9	4626.1

8. 伊春市氮氧化物排放量(t)

表 2-92　伊春市氮氧化物排放量(t)

年度	2014	2015	2016	2017	2018
数值	18897.7	17889.0	16965.0	9709.7	5869.1

9. 伊春市烟粉排放量(t)

表 2-93　伊春市烟粉排放量(t)

年度	2014	2015	2016	2017	2018
数值	26002.6	22984.5	13513.6	10628.2	8775.1

10. 伊春市城市园林绿地面积(hm^2)

表 2-94　伊春市城市园林绿地面积(hm^2)

年度	2014	2015	2016	2017	2018
数值	4702.5	4396.6	4557.8	4630	4666

11. 伊春市建成区绿化覆盖率(%)

表 2-95　伊春市建成区绿化覆盖率(%)

年度	2014	2015	2016	2017	2018
数值	26.8	29.8	30.6	31.5	31.7

12. 伊春市清扫保洁面积(万 m^2)

表 2-96　伊春市清扫保洁面积(万 m^2)

年度	2014	2015	2016	2017	2018
数值	997	1037	1074	1085	1086

九、佳木斯市生态环境保护情况

(一)佳木斯市生态环境保护二级指标单项分析结果

1. 佳木斯市空气质量达标天数比例(%)

表 2-97　佳木斯市空气质量达标天数比例(%)

年度	2014	2015	2016	2017	2018
数值	96.9	92.5	91.2	88.8	93.4

2. 佳木斯市细颗粒物($PM_{2.5}$)浓度($\mu g/m^3$)

表 2-98　佳木斯市细颗粒物($PM_{2.5}$)浓度($\mu g/m^3$)

年度	2014	2015	2016	2017	2018
数值	—	31	33	38	29

3. 佳木斯市Ⅰ～Ⅲ类水质比例(%)

表 2-99　佳木斯市Ⅰ～Ⅲ类水质比例(%)

年度	2014	2015	2016	2017	2018
数值	41.4	50.9	57.5	58.3	50.0

4. 佳木斯市废水排放量(万 t)

表 2-100　佳木斯市废水排放量(万 t)

年度	2014	2015	2016	2017	2018
数值	6862.5	7269.4	6782.6	7232.3	378.7

5. 佳木斯市化学需氧量 COD 排放量(t)

表 2-101　佳木斯市化学需氧量 COD 排放量(t)

年度	2014	2015	2016	2017	2018
数值	60294.0	60206.0	17635.5	16606.2	266.5

6. 佳木斯市氨氮排放量(t)

表 2-102　佳木斯市氨氮排放量(t)

年度	2014	2015	2016	2017	2018
数值	4602.0	4619.0	2098.0	2134.7	19.5

7. 佳木斯市二氧化硫排放量(t)

表 2-103　佳木斯市二氧化硫排放量(t)

年度	2014	2015	2016	2017	2018
数值	21455.0	20992.0	18801.7	11171.8	3520.8

8. 佳木斯市氮氧化物排放量(t)

表 2-104　佳木斯市氮氧化物排放量(t)

年度	2014	2015	2016	2017	2018
数值	38270.0	34140.0	29537.2	8808.4	5137.4

9. 佳木斯市烟粉排放量(t)

表 2-105　佳木斯市烟粉排放量(t)

年度	2014	2015	2016	2017	2018
数值	57593.8	35968.4	23505.8	13924.4	3995.2

10. 佳木斯市城市园林绿地面积(hm^2)

表 2-106　佳木斯市城市园林绿地面积(hm^2)

年度	2014	2015	2016	2017	2018
数值	3873.0	3878.0	3878.0	3878	3732

11. 佳木斯市建成区绿化覆盖率(%)

表 2-107　佳木斯市建成区绿化覆盖率(%)

年度	2014	2015	2016	2017	2018
数值	41.6	41.6	41.6	42.2	42.0

12. 佳木斯市清扫保洁面积(万 m²)

表 2-108　佳木斯市清扫保洁面积(万 m²)

年度	2014	2015	2016	2017	2018
数值	1301	1301	1301	1316	1316

十、七台河市生态环境保护情况

(一)七台河市生态环境保护二级指标单项分析结果

1. 七台河市空气质量达标天数比例(%)

表 2-109　七台河市空气质量达标天数比例(%)

年度	2014	2015	2016	2017	2018
数值	88.5	77.8	85.5	83.5	87.0

2. 七台河市细颗粒物(PM$_{2.5}$)浓度(μg/m³)

表 2-110　七台河市细颗粒物(PM$_{2.5}$)浓度(μg/m³)

年度	2014	2015	2016	2017	2018
数值	88.5	77.8	47	47	33

3. 七台河市 I ~ Ⅲ 类水质比例(%)

表 2-111　七台河市 I ~ Ⅲ 类水质比例(%)

年度	2014	2015	2016	2017	2018
数值	—	—	—	—	—

4. 七台河市废水排放量(万 t)

表 2-112　七台河市废水排放量(万 t)

年度	2014	2015	2016	2017	2018
数值	4618.1	4676.0	3950.6	2806.1	388.2

5. 七台河市化学需氧量 COD 排放量(t)

表 2-113　七台河市化学需氧量 COD 排放量(t)

年度	2014	2015	2016	2017	2018
数值	16407.2	16527.4	10294.2	2986.8	400.8

6. 七台河市氨氮排放量(t)

表2-114 七台河市氨氮排放量(t)

年度	2014	2015	2016	2017	2018
数值	1825.4	1838.0	1528.1	754.9	15.5

7. 七台河市二氧化硫排放量(t)

表2-115 七台河市二氧化硫排放量(t)

年度	2014	2015	2016	2017	2018
数值	16948.1	17448.1	15432.8	11132.2	7076.9

8. 七台河市氮氧化物排放量(t)

表2-116 七台河市氮氧化物排放量(t)

年度	2014	2015	2016	2017	2018
数值	41197.7	27412.1	21221.0	18782.2	14216.5

9. 七台河市烟粉排放量(t)

表2-117 七台河市烟粉排放量(t)

年度	2014	2015	2016	2017	2018
数值	24446.6	21013.3	15887.1	9224.1	6383.7

10. 七台河市城市园林绿地面积(hm^2)

表2-118 七台河市城市园林绿地面积(hm^2)

年度	2014	2015	2016	2017	2018
数值	2467	2679.4	2684.8	2710	2730

11. 七台河市建成区绿化覆盖率(%)

表2-119 七台河市建成区绿化覆盖率(%)

年度	2014	2015	2016	2017	2018
数值	38.1	43.9	44.0	44.1	44.4

12. 七台河市清扫保洁面积(万 m^2)

表2-120 七台河市清扫保洁面积(万 m^2)

年度	2014	2015	2016	2017	2018
数值	511	559	581	640	662

十一、黑河市生态环境保护情况

(一)黑河市生态环境保护二级指标单项分析结果

1. 黑河市空气质量达标天数比例(%)

表 2-121　黑河市空气质量达标天数比例(%)

年度	2014	2015	2016	2017	2018
数值	100	94.7	96.4	96.4	99.4

2. 黑河市细颗粒物(PM$_{2.5}$)浓度(μg/m^3)

表 2-122　黑河市细颗粒物(PM$_{2.5}$)浓度(μg/m^3)

年度	2014	2015	2016	2017	2018
数值	—	29	23	23	19

3. 黑河市 Ⅰ ~ Ⅲ类水质比例(%)

表 2-123　黑河市 Ⅰ ~ Ⅲ类水质比例(%)

年度	2014	2015	2016	2017	2018
数值	107.6	80.1	76.0	87.5	50.0

4. 黑河市废水排放量(万 t)

表 2-124　黑河市废水排放量(万 t)

年度	2014	2015	2016	2017	2018
数值	4735.9	4922.0	4096.7	3841.5	435.2

5. 黑河市化学需氧量 COD 排放量(t)

表 2-125　黑河市化学需氧量 COD 排放量(t)

年度	2014	2015	2016	2017	2018
数值	39667.0	38520.0	8419.9	8391.8	664.0

6. 黑河市氨氮排放量(t)

表 2-126　黑河市氨氮排放量(t)

年度	2014	2015	2016	2017	2018
数值	2478.0	2352.0	1529.0	1197.5	33.3

7. 黑河市二氧化硫排放量(t)

表 2-127　黑河市二氧化硫排放量(t)

年度	2014	2015	2016	2017	2018
数值	24600.0	24016.0	15745.9	12221.8	3154.3

8. 黑河市氮氧化物排放量(t)

表 2-128　黑河市氮氧化物排放量(t)

年度	2014	2015	2016	2017	2018
数值	15691.0	13149.8	12544.7	6067.3	3621.9

9. 黑河市烟粉排放量(t)

表 2-129　黑河市烟粉排放量(t)

年度	2014	2015	2016	2017	2018
数值	16093.6	13597.2	10819.7	7916.9	1996.1

10. 黑河市城市园林绿地面积(hm^2)

表 2-130　黑河市园林绿地面积(hm^2)

年度	2014	2015	2016	2017	2018
数值	716.5	719.5	719.7	720	722

11. 黑河市建成区绿化覆盖率(%)

表 2-131　黑河市建成区绿化覆盖率(%)

年度	2014	2015	2016	2017	2018
数值	40.4	40.5	40.5	40.6	40.6

12. 黑河市清扫保洁面积(万 m^2)

表 2-132　黑河市清扫保洁面积(万 m^2)

年度	2014	2015	2016	2017	2018
数值	410	410	410	410	410

十二、绥化市生态环境保护情况

(一)绥化市生态环境保护二级指标单项分析结果

1. 绥化市空气质量达标天数比例(%)

表 2-133　绥化市空气质量达标天数比例(%)

年度	2014	2015	2016	2017	2018
数值	88.8	84.9	91.8	86.7	91.6

2. 绥化市细颗粒物($PM_{2.5}$)浓度($\mu g/m^3$)

表 2-134　绥化市细颗粒物($PM_{2.5}$)浓度($\mu g/m^3$)

年度	2014	2015	2016	2017	2018
数值	—	36	33	36	35

3. 绥化市 I ~ Ⅲ类水质比例(%)

表 2-135　绥化市 I ~ Ⅲ类水质比例(%)

年度	2014	2015	2016	2017	2018
数值	47.3	52.3	46.7	20.0	20.0

4. 绥化市废水排放量(万 t)

表 2-136　绥化市废水排放量(万 t)

年度	2014	2015	2016	2017	2018
数值	15768.4	11971.1	10054.7	11721.5	1342.5

5. 绥化市化学需氧量 COD 排放量(t)

表 2-137　绥化市化学需氧量 COD 排放量(t)

年度	2014	2015	2016	2017	2018
数值	262497.0	260555.0	22873.9	3827.9	940.8

6. 绥化市氨氮排放量(t)

表 2-138　绥化市氨氮排放量(t)

年度	2014	2015	2016	2017	2018
数值	11265.0	11186.0	3577.1	758.1	92.0

7. 绥化市二氧化硫排放量(t)

表 2-139　绥化市二氧化硫排放量(t)

年度	2014	2015	2016	2017	2018
数值	22630.0	19818.0	11363.8	13260.2	4953.6

8. 绥化市氮氧化物排放量(t)

表 2-140　绥化市氮氧化物排放量(t)

年度	2014	2015	2016	2017	2018
数值	68400.0	64865.9	62268.5	7751.9	6218.4

9. 绥化市烟粉排放量(t)

表 2-141　绥化市烟粉排放量(t)

年度	2014	2015	2016	2017	2018
数值	27315.2	20504.4	12113.6	10001.7	3635.5

10. 绥化市城市园林绿地面积(hm²)

表 2-142　绥化市城市园林绿地面积(hm²)

年度	2014	2015	2016	2017	2018
数值	993.0	999.5	1007.7	1014	1041

11. 绥化市建成区绿化覆盖率 (%)

表 2-143　绥化市建成区绿化覆盖率 (%)

年度	2014	2015	2016	2017	2018
数值	29.8	30.1	24.9	25.3	26.0

12. 绥化市清扫保洁面积 (万 m^2)

表 2-144　绥化市清扫保洁面积 (万 m^2)

年度	2014	2015	2016	2017	2018
数值	721	649	751	752	950

十三、大兴安岭市生态环境保护情况

(一)大兴安岭市生态环境保护二级指标单项分析结果

1. 大兴安岭市空气质量达标天数比例 (%)

表 2-145　大兴安岭市空气质量达标天数比例 (%)

年度	2014	2015	2016	2017	2018
数值	97.8	94.4	97.7	99.2	99.2

2. 大兴安岭市细颗粒物 ($PM_{2.5}$) 浓度 ($\mu g/m^3$)

表 2-146　大兴安岭市细颗粒物 ($PM_{2.5}$) 浓度 ($\mu g/m^3$)

年度	2014	2015	2016	2017	2018
数值	—	24	13	19	19

3. 大兴安岭市 I ~ III 类水质比例 (%)

表 2-147　大兴安岭市 I ~ III 类水质比例 (%)

年度	2014	2015	2016	2017	2018
数值	—	—	—	100	100

4. 大兴安岭市废水排放量 (万 t)

表 2-148　大兴安岭市废水排放量 (万 t)

年度	2014	2015	2016	2017	2018
数值	3805.6	3389.4	1762.1	1716.7	25.9

5. 大兴安岭市化学需氧量 COD 排放量 (t)

表 2-149　大兴安岭市化学需氧量 COD 排放量 (t)

年度	2014	2015	2016	2017	2018
数值	15087.0	12997.4	7680.7	6537.1	42.2

6. 大兴安岭市氨氮排放量(t)

表 2-150　大兴安岭市氨氮排放量(t)

年度	2014	2015	2016	2017	2018
数值	1157.2	1145.0	960.0	856.9	0.7

7. 大兴安岭市二氧化硫排放量(t)

表 2-151　大兴安岭市二氧化硫排放量(t)

年度	2014	2015	2016	2017	2018
数值	16510.0	14878.7	10187.6	8564.5	5042.5

8. 大兴安岭市氮氧化物排放量(t)

表 2-152　大兴安岭市氮氧化物排放量(t)

年度	2014	2015	2016	2017	2018
数值	11335.5	10203.0	9730.1	4768.8	2798.9

9. 大兴安岭市烟粉排放量(t)

表 2-153　大兴安岭市烟粉排放量(t)

年度	2014	2015	2016	2017	2018
数值	18282.5	26425.6	11799.2	4956.8	3667.4

10. 大兴安岭市城市园林绿地面积(hm^2)

表 2-154　大兴安岭市城市园林绿地面积(hm^2)

年度	2014	2015	2016	2017	2018
数值	—	—	—	—	—

11. 大兴安岭市建成区绿化覆盖率(%)

表 2-155　大兴安岭市建成区绿化覆盖率(%)

年度	2014	2015	2016	2017	2018
数值	—	—	—	—	—

12. 大兴安岭市清扫保洁面积(万 m^2)

表 2-156　大兴安岭市清扫保洁面积(万 m^2)

年度	2014	2015	2016	2017	2018
数值	—	—	—	—	—

第二节　生态环境保护情况对比分析

为了对黑龙江省各地市生态环境保护情况进行对比分析,以表格形式对

2018 年黑龙江省 13 地市各地的资源利用情况进行了排名，并按照生态环境保护所采取的 12 项指标进行正赋分赋值。各项二级指标赋值如下表所示：

表 2-157　二级指标赋值分配表

二级指标	1	2	3	4	5	6	7	8	9	10	11	12
二级指标权重	4	4	3	3	2	2	2	2	2	4	4	3

其中：1. 地级及以上城市空气质量达标天数比率(%)；3. 地级及以上城市Ⅰ～Ⅲ类水质比例(%)；10. 地级及以上城市园林绿地面积(hm^2)；11. 地级及以上城市建成区绿化覆盖率(%)；12. 地级及以上城市清扫保洁面积(万 m^2)，以上几个指标按从大到小顺序排序。

其中：2. 地级及以上城市细颗粒物($PM_{2.5}$)浓度($\mu g/m^3$)；4. 地级及以上城市废水排放量(万 t)；5. 地级及以上城市化学需氧量 COD 排放量(t)；6. 地级及以上城市氨氮排放量(t)；7. 地级及以上城市二氧化硫排放量(t)；8. 地级及以上城市氮氧化物排放量(t)；9. 地级及以上城市烟粉排放量(t)，以上几个指标按从小到大排序。

"生态环境保护"数据得分情况说明："生态环境保护"数据部分在总调查中的目标分值为 35 分，具体得分设置标准及方法为：13 地市排名第 1 位的赋值该项目所占权重的满分，依次每下降一位依次减少该权重的 1/13 分，并列名次取相同分数，最后得到生态环境保护评价部分总分值，进行统一对比。

1. 各项二级指标排名情况如下：

表 2-158　地级及以上城市空气质量达标天数比率(%)

排序(得分)	地市	具体数值
1(4)	大兴安岭	99.4
2(3.692)	绥化	99.2
3(3.384)	黑河	98.6
4(3.076)	七台河	95.3
5(2.768)	佳木斯	94.2
6(2.460)	伊春	94.1
7(2.152)	双鸭山	93.9
8(1.844)	鹤岗	93.4
9(1.536)	鸡西	91.7
10(1.228)	牡丹江	91.6
11(0.920)	大庆	89.8
12(0.612)	齐齐哈尔	87.0
13(0.304)	哈尔滨	85.6

表 2-159　地级及以上城市细颗粒物（PM$_{2.5}$）浓度（μg/m^3）

排序（得分）	地市	具体数值
1（4）	黑河	19
2（3.692）	大兴安岭	19
3（3.384）	伊春	21
4（3.076）	大庆	27
5（2.768）	鹤岗	27
6（2.460）	齐齐哈尔	28
7（2.152）	双鸭山	28
8（1.844）	佳木斯	29
9（1.536）	牡丹江	30
10（1.228）	七台河	33
11（0.920）	鸡西	34
12（0.612）	绥化	35
13（0.304）	哈尔滨	39

表 2-160　地级及以上城市 I～III类水质比例（%）

排序（得分）	地市	具体数值
1（3）	大兴安岭	100
2（2.769）	牡丹江	80
3（2.538）	哈尔滨	72
4（2.307）	大庆	66.7
5（2.076）	鸡西	50
6（1.845）	双鸭山	50
7（1.641）	佳木斯	50
8（1.383）	黑河	50
9（1.152）	齐齐哈尔	44.4
10（0.921）	伊春	28.6
11（0.690）	绥化	20
12（0.459）	鹤岗	——
12（0.459）	七台河	——

表 2-161　地级及以上城市废水排放量（万 t）

排序（得分）	地市	具体数值
1（3）	大兴安岭	25.9
2（2.769）	佳木斯	378.7
3（2.538）	七台河	388.2

（续）

排序（得分）	地市	具体数值
4(2.307)	黑河	435.2
5(2.076)	牡丹江	539.2
6(1.845)	伊春	539.6
7(1.641)	鸡西	933.0
8(1.383)	绥化	1342.5
9(1.152)	双鸭山	2083.2
10(0.921)	哈尔滨	2218.8
11(0.690)	齐齐哈尔	2928.1
12(0.459)	大庆	3683.1
13(0.228)	鹤岗	4200.4

表 2-162　地级及以上城市化学需氧量 COD 排放量（t）

排序（得分）	地市	具体数值
1(2)	大兴安岭	42.2
2(1.846)	伊春	228.7
3(1.692)	佳木斯	266.5
4(1.538)	七台河	400.8
5(1.384)	鸡西	514.3
6(1.230)	牡丹江	605.8
7(1.076)	黑河	664.0
8(0.922)	绥化	940.8
9(0.768)	双鸭山	1357.5
10(0.614)	大庆	1919.9
11(0.460)	哈尔滨	2097.3
12(0.306)	鹤岗	2302.8
13(0.152)	齐齐哈尔	6001.2

表 2-163　地级及以上城市氨氮排放量（t）

排序（得分）	地市	具体数值
1(2)	大兴安岭	0.7
2(1.846)	鸡西	2.9
3(1.692)	七台河	15.5
4(1.538)	伊春	18.7
5(1.384)	佳木斯	19.5
6(1.230)	牡丹江	32.4

（续）

排序（得分）	地市	具体数值
7（1.076）	黑河	33.3
8（0.922）	鹤岗	66.7
9（0.768）	双鸭山	73.6
10（0.614）	绥化	92.0
11（0.460）	大庆	100.3
12（0.306）	哈尔滨	213.6
13（0.152）	齐齐哈尔	532.4

表 2-164　地级及以上城市二氧化硫排放量（t）

排序（得分）	地市	具体数值
1（2）	黑河	3154.3
2（1.846）	佳木斯	3520.8
3（1.692）	鹤岗	4101.9
4（1.538）	伊春	4626.1
5（1.384）	绥化	4953.6
6（1.230）	大兴安岭	5042.5
7（1.076）	牡丹江	6673.8
8（0.922）	鸡西	6708.3
9（0.768）	七台河	7076.9
10（0.614）	双鸭山	8635.2
11（0.460）	齐齐哈尔	10564.0
12（0.306）	大庆	13286.2
13（0.152）	哈尔滨	16424.7

表 2-165　地级及以上城市氮氧化物排放量（t）

排序（得分）	地市	具体数值
1（2）	大兴安岭	2798.9
2（1.846）	黑河	3621.9
3（1.692）	佳木斯	5137.4
4（1.538）	伊春	5869.1
5（1.384）	绥化	6218.4
6（1.230）	双鸭山	8102.3
7（1.076）	牡丹江	9429.8
8（0.922）	鹤岗	9866.0
9（0.768）	鸡西	10995.8

（续）

排序（得分）	地市	具体数值
10（0.614）	七台河	14216.5
11（0.460）	齐齐哈尔	15405.1
12（0.306）	哈尔滨	30192.7
13（0.152）	大庆	30844.4

表 2-166　地级及以上城市烟粉排放量（t）

排序（得分）	地市	具体数值
1（2）	黑河	1996.1
2（1.846）	绥化	3635.5
3（1.692）	大兴安岭	3667.4
4（1.538）	佳木斯	3995.2
5（1.384）	鸡西	4183.4
6（1.230）	牡丹江	5516.3
7（1.076）	七台河	6383.7
8（0.922）	大庆	8637.9
9（0.768）	伊春	8775.1
10（0.614）	齐齐哈尔	14587.8
11（0.460）	哈尔滨	14632.3
12（0.306）	双鸭山	17558.7
13（0.152）	鹤岗	18151.0

表 2-167　地级及以上城市园林绿地面积（hm^2）

排序（得分）	地市	具体数值
1（4）	哈尔滨	15195
2（3.692）	大庆	13442
3（3.384）	齐齐哈尔	6097
4（3.076）	牡丹江	5340
5（2.768）	伊春	4666
6（2.460）	佳木斯	3732
7（2.152）	鹤岗	2871
8（1.844）	鸡西	2808
9（1.536）	七台河	2730
10（1.228）	双鸭山	2319
11（0.920）	绥化	1041
12（0.612）	黑河	722
13（0.304）	大兴安岭	—

表 2-168 地级及以上城市建成区绿化覆盖率(%)

排序(得分)	地市	具体数值
1(4)	七台河	44.4
2(3.692)	大庆	43.7
3(3.384)	双鸭山	43.6
4(3.076)	佳木斯	42.0
5(2.768)	鹤岗	41.3
6(2.460)	黑河	40.6
7(2.152)	鸡西	39.6
8(1.844)	齐齐哈尔	38.3
9(1.536)	哈尔滨	35.4
10(1.228)	伊春	31.7
11(0.920)	牡丹江	27.6
12(0.612)	绥化	26.0
13(0.304)	大兴安岭	—

表 2-169 地级及以上城市清扫保洁面积(万 m²)

排序(得分)	地市	具体数值
1(3)	哈尔滨	8908
2(2.769)	大庆	3600
3(2.538)	齐齐哈尔	1903
4(2.307)	牡丹江	1521
5(2.076)	佳木斯	1316
6(1.845)	伊春	1086
7(1.641)	绥化	950
8(1.383)	鸡西	790
9(1.152)	七台河	662
10(0.921)	鹤岗	485
11(0.690)	黑河	410
12(0.459)	双鸭山	364
13(0.228)	大兴安岭	—

根据 2018 年黑龙江省 13 地市环境保护方面的 12 项二级指标对应得分,各地市环境保护总体得分情况如下:

表 2-170 2018 年度哈尔滨环境保护总体得分表

二级指标	1	2	3	4	5	6	7	8	9	10	11	12
二级指标权重	4	4	3	3	2	2	2	2	2	4	4	3

（续）

二级指标	1	2	3	4	5	6	7	8	9	10	11	12
2018 年度排名	13	13	3	10	11	12	13	12	11	1	9	1
得分情况	0.304	0.304	2.538	0.921	0.460	0.306	0.152	0.306	0.460	4	1.536	3
总分	14.287											

表 2-171　2018 年度齐齐哈尔市环境保护总体得分表

二级指标	1	2	3	4	5	6	7	8	9	10	11	12
二级指标权重	4	4	3	3	2	2	2	2	2	4	4	3
2018 年度排名	12	6	9	11	13	13	11	11	10	3	8	3
得分情况	0.612	2.460	1.152	0.690	0.152	0.152	0.460	0.460	0.614	3.384	1.844	2.538
总分	14.518											

表 2-172　2018 年度大庆市环境保护总体得分表

二级指标	1	2	3	4	5	6	7	8	9	10	11	12
二级指标权重	4	4	3	3	2	2	2	2	2	4	4	3
2018 年度排名	11	4	4	12	10	11	1	13	8	2	2	2
得分情况	0.920	3.076	2.307	0.459	0.614	0.460	0.306	0.152	0.922	3.692	3.692	2.769
总分	19.369											

表 2-172　2018 年度牡丹江市环境保护总体得分表

二级指标	1	2	3	4	5	6	7	8	9	10	11	12
二级指标权重	4	4	3	3	2	2	2	2	2	4	4	3
2018 年度排名	10	9	2	5	6	6	7	7	6	4	11	4
得分情况	1.228	1.536	2.769	2.076	1.230	1.230	1.076	1.076	1.230	3.076	0.920	2.307
总分	19.754											

表 2-173　2018 年度鸡西市环境保护总体得分表

二级指标	1	2	3	4	5	6	7	8	9	10	11	12
二级指标权重	4	4	3	3	2	2	2	2	2	4	4	3
2018 年度排名	9	11	5	7	5	8	8	9	5	8	7	8
得分情况	1.536	0.920	2.076	1.641	1.384	1.846	0.922	0.768	1.384	1.844	2.152	1.383
总分	17.856											

表 2-174　2018 年度鹤岗市环境保护总体得分表

二级指标	1	2	3	4	5	6	7	8	9	10	11	12
二级指标权重	4	4	3	3	2	2	2	2	2	4	4	3
2018 年度排名	8	5	12	13	12	8	3	8	13	7	5	10
得分情况	1.844	2.768	0.459	0.228	0.306	0.922	1.692	0.922	0.152	2.152	2.768	0.921
总分	15.134											

表 2-175　2018 年度双鸭山市环境保护总体得分表

二级指标	1	2	3	4	5	6	7	8	9	10	11	12
二级指标权重	4	4	3	3	2	2	2	2	2	4	4	3
2018 年度排名	7	7	6	9	9	9	10	6	12	10	3	12
得分情况	2.152	2.152	1.845	1.152	0.768	0.768	0.614	1.230	0.306	1.228	3.384	0.459
总分	16.058											

表 2-176　2018 年度伊春市环境保护总体得分表

二级指标	1	2	3	4	5	6	7	8	9	10	11	12
二级指标权重	4	4	3	3	2	2	2	2	2	4	4	3
2018 年度排名	6	3	10	6	2	4	4	4	9	5	10	6
得分情况	2.460	3.384	0.921	1.845	1.846	1.538	1.538	1.538	0.768	2.768	1.228	1.845
总分	21.679											

表 2-177　2018 年度佳木斯市环境保护总体得分表

二级指标	1	2	3	4	5	6	7	8	9	10	11	12
二级指标权重	4	4	3	3	2	2	2	2	2	4	4	3
2018 年度排名	5	8	7	2	3	5	2	3	4	6	4	5
得分情况	2.768	1.844	1.641	2.769	1.692	1.384	1.846	1.692	1.538	2.460	3.076	2.076
总分	24.786											

表 2-178　2018 年度七台河市环境保护总体得分表

二级指标	1	2	3	4	5	6	7	8	9	10	11	12
二级指标权重	4	4	3	3	2	2	2	2	2	4	4	3
2018 年度排名	4	10	12	3	3	1	9	10	7	9	1	9
得分情况	3.076	1.228	0.459	2.538	1.692	2	0.768	0.614	1.076	1.536	4	1.152
总分	20.139											

表 2-179　2018 年度黑河市环境保护总体得分表

二级指标	1	2	3	4	5	6	7	8	9	10	11	12
二级指标权重	4	4	3	3	2	2	2	2	2	4	4	3
2018 年度排名	3	1	8	4	7	7	1	2	1	12	6	11
得分情况	3.384	4	1.383	2.307	1.076	1.076	2	1.846	2	0.612	2.460	0.690
总分	22.834											

表 2-180　2018 年度绥化市环境保护总体得分表

二级指标	1	2	3	4	5	6	7	8	9	10	11	12
二级指标权重	4	4	3	3	2	2	2	2	2	4	4	3
2018 年度排名	2	12	11	8	8	10	5	5	2	11	12	7
得分情况	3.692	0.612	0.690	1.383	0.922	0.614	1.384	1.384	1.846	0.920	0.612	1.641
总分	15.700											

表 2-181　2018 年度大兴安岭市环境保护总体得分表

二级指标	1	2	3	4	5	6	7	8	9	10	11	12
二级指标权重	4	4	3	3	2	2	2	2	2	4	4	3
2018 年度排名	1	2	1	1	1	1	6	1	3	13	13	13
得分情况	4	3.692	3	3	2	2	1.230	2	1.692	0.304	0.304	0.228
总分	23.450											

　　根据 2018 年黑龙江省 13 地市环境保护方面的 12 项二级指标对应得分，各地市环境保护总体排名情况如下：

表 2-182　2018 年黑龙江省各地市环境保护总体排名情况

排序	地市	总分
1	佳木斯	24.786
2	大兴安岭	23.450
3	黑河	22.834
4	伊春	21.679
5	七台河	20.139
6	牡丹江	19.754
7	大庆	19.369
8	鸡西	17.856
9	双鸭山	16.058
10	绥化	15.700
11	鹤岗	15.134
12	齐齐哈尔	14.518
13	哈尔滨	14.287

第三节　总体分析及对策建议

一、各地市二级指标项目总体情况

根据本评价体系 2018 年所选取的 12 项生态文明保护二级指标数据，进行各地市纵向比较分析和多地市横向比较分析，2018 年黑龙江省 13 个地市生态环境保护二级指标项目总体情况分别如下：

哈尔滨市 2018 年环境保护总分由 2017 年的 11.773 分提升至 14.287 分，但总体排名依然位于 13 个地市的最后一名。从各单项指标来看，近三年来，2017 年空气质量达标天数比率较 2016 年有所提升，但相对于其他地市，空气质量达标天数比例排名处于黑龙江省 13 个地市中最后一名。2018 年，哈尔滨市达标天数比例为 85.6%，同比提高 10.7 个百分点，多地市横向排名依然处于最后一名。城市细颗粒物(PM$_{2.5}$)浓度($\mu g/m^3$)也呈同样态势，同样名次。2018 年地级及以上城市 Ⅰ~Ⅲ 类水质比例排名较 2017 年，由位于中游提升至第三名。二氧化硫排放量位于全省 13 个地市中最后一名。2018 年哈尔滨的城市园林绿地面积仍保持位于全省 13 个地市第一名，城市建成区绿化覆盖率为第 9 名，与 2017 年排名持平。处于下游水平。城市清扫保洁面积(万 m^2)与 2017 年一样，领先于全省，说明哈尔滨市作为省会城市，城市绿化与环境保护继续位于全省领先地位。

齐齐哈尔市 2017 年空气质量达标天数比率相对于 2016 年小幅提升，2018 年此项指标继续下滑，全省排名第 12 位；2017 年细颗粒物(PM$_{2.5}$)浓度($\mu g/m^3$)较 2016 年略微升高，全省排名第 8 位，2018 年则小幅上升至第 6 名；Ⅰ~Ⅲ 类水质比例排名下降至全省排名第 9 位；废水排放量(万 t)、化学需氧量 COD 排放量(t)、氨氮排放量(t)、二氧化硫排放量(t)、氮氧化物排放量(t)、烟粉排放量(t)等级项指标均位于下游水平，与其城市的工业项目发展有直接关系；2018 年齐齐哈尔城市园林绿地面积(hm^2)和城市清扫保洁面积(万 m^2)两项指标全省排名第 3 位，名次无变化；建成区绿化覆盖率(%)相对于 2017 年略有下降；位于全省第 8 名。

2017 年大庆市空气质量达标天数比率较 2016 年小幅下降，位于全省第 9 名；2018 年此项指标继续下降，跌至全省第 11 位。细颗粒物(PM$_{2.5}$)浓度($\mu g/m^3$)则全省排名位于第 4 位；2018 年大庆 Ⅰ~Ⅲ 类水质比例位于全省第 4 名，较 2017 年全省第 8 名有所提升；废水排放量(万 t)与 2017 年的相同，位于全省倒数第 2 名；化学需氧量 COD 排放量(t)在 2016 年大量减幅的基础上继续减少；

二氧化硫排放量(t)较 2016 年、2017 年明显减少；氮氧化物排放量(t)则大量增加，处于全省倒数第 1 名；2018 年大庆市城市园林绿地面积(hm²)、建成区绿化覆盖率(%)、城市清扫保洁面积(万 m²)均与 2017 年排名相同，在全省仍居于第 2 名。说明大庆市的环境绿化工作成效较好。

2017 年牡丹江市空气质量达标天数比率相对于 2016 年略有提升，位于全省第 6 名，2018 年则呈下降趋势，排至全省第 10 名；细颗粒物(PM$_{2.5}$)浓度(μg/m³)虽相对于 2017 年有所减少，但仍位于全省第 9 名；2018 年 I ~ III 类水质比例由 100% 下降至 80%，排名由 2017 年全省最优变为全省第 2 名；废水排放量(万 t)显著减少；化学需氧量 COD 排放量(t)、氨氮排放量(t)、二氧化硫排放量(t)、氮氧化物排放量(t)、烟粉排放量(t)较 2016、2017 年均大幅减少，体现出当地政府减少污染的决心与成效；2018 年牡丹江市城市园林绿地面积(hm²)相对于 2016 年、2017 年略有增加；建成区绿化覆盖率(%)、清扫保洁面积(万 m²)数值相对于 2017 年，数值变化不大。

2018 年鸡西市空气质量达标天数比率相对于 2017 年数值有所好转，但依然未达到 2016 年的 94%，；细颗粒物(PM$_{2.5}$)浓度(μg/m³)较 2017 年减少，排名靠后；I ~ III 类水质比例由 2017 年的全省第 9 名升至全省第 5 名；废水排放量(万 t)、化学需氧量 COD 排放量(t)、氨氮排放量(t)、二氧化硫排放量(t)、氮氧化物排放量(t)均显著下降，烟粉排放量(t)也呈下降趋势。2018 年鸡西市城市园林绿地面积(hm²)、建成区绿化覆盖率(%)这两项较 2016 年、2017 年数值变化不大，清扫保洁面积(万 m²)则较 2016 年、2017 年有所提升。

2018 年鹤岗市空气质量达标天数比率相对于 2016 年、2017 年数值提升较大；细颗粒物(PM$_{2.5}$)浓度(μg/m³)略微下降，呈向好趋势；I ~ III 类水质比例未见翔实数据；废水排放量(万 t)、化学需氧量 COD 排放量(t)、氨氮排放量(t)、二氧化硫排放量(t)、氮氧化物排放量(t)这五项指标数值均显著下降，体现出节能减排效果；2018 年鹤岗市城市园林绿地面积(hm²)、建成区绿化覆盖率(%)相较于 2016 年、2017 年变化不大，均略有下降；城市清扫保洁面积(万 m²)数值略微上升，仍位于全省第 10 名。

双鸭山市空气质量达标天数比率相较于 2017 年小幅上升，细颗粒物(PM$_{2.5}$)浓度(μg/m³)数值下降明显，这两项数据说明双鸭山市 2017 空气质量年相较 2016 年下降之后，2018 年空气质量有所好转；I ~ III 类水质比例排名由 2017 年全省第 5 名下降至全省第 10 名；废水排放量(万 t)、化学需氧量 COD 排放量(t)、氨氮排放量(t)、二氧化硫排放量(t)、氮氧化物排放量(t)、烟粉排放量(t)六项指标较 2016 年、2017 年下降明显，说明双鸭山市工业废水、废气治理成果继续全面向好；双鸭山市城市园林绿地面积(hm²)、建成区绿化覆盖率(%)

相较于 2016 年、2017 年数值变化不明显；清扫保洁面积(万 m^2)虽略有增加，但仍处于全省第 12 名。

伊春市 2018 年空气质量达标天数比率相较于 2017 年下降 4.6 个百分点，与 2016 年数值接近，细颗粒物($PM_{2.5}$)浓度($μg/m^3$)下降，说明伊春市 2018 年空气质量相较于 2017 年有所好转；Ⅰ~Ⅲ类水质比例位于全省第 10 名；废水排放量(万 t)增加；化学需氧量 COD 排放量(t)、氨氮排放量(t)、二氧化硫排放量(t)、氮氧化物排放量(t)、烟粉排放量(t)这几项指标数值显著降低，说明伊春市工业废水废气治理工作在 2017 年取得的成绩之上，继续向好；伊春市 2018 年城市园林绿地面积(hm^2)、建成区绿化覆盖率(%)、清扫保洁面积(万 m^2)相较于 2016 年、2017 年数值变化不大。

佳木斯市 2018 年空气质量达标天数比率相较于 2016 年、2017 年，数值明显上升，排名升至全省第 5 名；细颗粒物($PM_{2.5}$)浓度($μg/m^3$)数值明显下降，说明佳木斯市 2017 年相较于 2016 年空气质量下降之后，2018 年有所好转；Ⅰ~Ⅲ类水质比例位于全省第 7 名；废水排放量(万 t)变化不大；化学需氧量 COD 排放量(t)、氨氮排放量(t)、二氧化硫排放量(t)、氮氧化物排放量(t)、烟粉排放量(t)这几项数值继续急剧下降，说明佳木斯市工业废水废气治理工作从 2017 年开始至 2018 年取得较大成效；佳木斯市城市园林绿地面积(hm^2)、建成区绿化覆盖率(%)、清扫保洁面积(万 m^2)较 2016 年数值变化不明显，排名均位于中上游水平。

七台河市 2018 年空气质量达标天数比率相较于 2016 年、2017 年有所上升，全省排名第 4 名，细颗粒物($PM_{2.5}$)浓度($μg/m^3$)也显著下降，全省排名升至第一名；Ⅰ~Ⅲ类水质比例未见数据公布；废水排放量(万 t)下降；化学需氧量 COD 排放量(t)、氨氮排放量(t)、二氧化硫排放量(t)、氮氧化物排放量(t)、烟粉排放量(t)这几项指标数值从 2016 年开始，2017 年、2018 年均大幅减少，全省排名呈总体上升趋势，说明当地生态文明保护取得明显成效；七台河市城市园林绿地面积(hm^2)、建成区绿化覆盖率(%)相较于 2016 年数据变化不大；清扫保洁面积(万 m^2)有所增加，位于全省第 11 名。

黑河市 2018 年空气质量达标天数比率相较于 2016 年、2017 年数值明显提升，细颗粒物($PM_{2.5}$)浓度($μg/m^3$)数值也下降，说明七台河市 2018 年空气质量较 2016 年、2017 年好转；Ⅰ~Ⅲ类水质比例则明显下降，由 2017 年位于全省第 3 名跌至全省第 8 名；废水排放量(万 t)、化学需氧量 COD 排放量(t)、氨氮排放量(t)、二氧化硫排放量(t)、氮氧化物排放量(t)数值下降减半，烟粉排放量(t)这项指标下降明显，说明黑河市工业废气、废水治理成果显著；黑河市城市园林绿地面积(hm^2)、建成区绿化覆盖率(%)、清扫保洁面积(万 m^2)这三项指标相较于 2016 年、2017 年变化不明显，受自然条件约束，全省排名靠后。

绥化市 2018 年空气质量达标天数比率相较于 2017 年数值上升，回归至 2016 年水平，细颗粒物（PM$_{2.5}$）浓度（μg/m³）数值三年变化不大，说明绥化市 2018 年空气质量与 2016 年相同；Ⅰ～Ⅲ类水质比例未发生变化，位于全省第 11 名；废水排放量（万 t）、化学需氧量 COD 排放量（t）相较于 2016 年的均增加；氨氮排放量（t）数值下降巨大；二氧化硫排放量（t）增加；氮氧化物排放量（t）数值下降显著；烟粉排放量（t）在 2017 年下降的基础上继续显著下降；绥化市城市园林绿地面积（hm²）、建成区绿化覆盖率（%）、清扫保洁面积（万 m²）三项生态文明保护指标相较于 2016 年、2017 年数值变化不大，全省总体排名中等。

大兴安岭市 2018 年空气质量达标天数比率相较于 2017 年未发生变化，较 2016 年有所好转，达到 99.2%，位于全省第 4 名；细颗粒物（PM$_{2.5}$）浓度（μg/m³）未变；Ⅰ～Ⅲ类水质比例为 100%；废水排放量（万 t）、化学需氧量 COD 排放量（t）、氨氮排放量（t）、二氧化硫排放量（t）、氮氧化物排放量（t）这几项指标均在 2017 年平稳下降的基础上大幅显著下降；烟粉排放量（t）继续下降；大兴安岭城市园林绿地面积（hm²）、建成区绿化覆盖率（%）、清扫保洁面积（万 m²）2016 年、2017 年均未见公开统计数据。

二、存在问题

（一）省内各地市环境保护指标指数依然保持较大差距

通过本评价体系采取的 12 项生态文明环境保护指标数据整理、排名比较分析，2018 年黑龙江的 13 地市生态文明环境保护工作相较于 2016 年、2017 年整体上取得了进步，但数据显示省内各地市环境保护指标指数差距较大，本环境保护评价体系第一名佳木斯市总体得分为 24.786 分，中间名次的大庆市整体得分为 19.369 分，最后一名哈尔滨市总体得分为 14.287 分，各地市环境保护评价指标指数差距较大，说明由于各地市生态自然资源的地域性差异、全省工业产业在各地市的不同布局、各地市政府环境保护工作实施力度等原因，2018 年黑龙江省生态文明环境保护工作成效各地市之间横向比较仍存在较大差距。

（二）二级数据表明全省各地市环境绿化工作推进较慢

城市园林绿地面积（hm²）、建成区绿化覆盖率（%）这两项数据为监测黑龙江省各地市环境绿化工作指标。从数据上来看，黑龙江省 13 地市中，除哈尔滨市、牡丹江市、伊春市、七台河市、绥化市的数据略有上升外，齐齐哈尔市、大庆市、鸡西市、鹤岗市、双鸭山市、佳木斯市、黑河市的这两项数值相对于 2016

年、2017年均未发生变化，或者变化微小。说明黑龙江省在推进环境绿化的进程中，进展缓慢。

三、对策建议

（一）积极探索环境保护新道路

黑龙江省应继续深入贯彻落实党中央、国务院关于生态文明建设和环境保护重大决策部署、创新、协调、绿色、开放、共享的发展理念，继续深刻领会习近平总书记"绿水青山是金山银山，冰天雪地也是金山银山"重要讲话精神对于黑龙江生态保护和经济发展的启示，不断解放和发展绿色生产力，开创"生态红利"社会主义生态文明新时代。保护黑龙江省整体性生态化重大利益，回应龙江人民群众对生态环境保护改善的强烈诉求，按照习近平总书记"保护生态环境就是保护生产力、改善生态环境就是发展生产力"的科学论断，把黑龙江省自然生态资源良好的"绿水青山"纳入生产力范畴，把生态文明建设放在突出位置，融入龙江经济、政治、文化、社会各方面和全过程，融入到龙江农业现代化、工业化现代化过程中，不断解放和发展龙江生态生产力，使青山绿水、冰天雪地作为长远发展的最大本钱，使生态优势转变成经济优势、发展优势。

（二）加快现代环境治理体系建设

深入贯彻十九届五中全会精神，加快现代环境治理体系建设，为发挥"生态技术""生态生产力"在龙江经济发展中的作用，坚持问题导向、按照2035年龙江发展目标，深化改革、推进创新，推动环保产业发展、科技创新驱动、吸引人才聚集，加快完善生态环境监管制度体系，全面夯实生态环境科技支撑体系，提升生态环境监管、执法、监测、信息、科研等生态文明建设的基础保障能力，加快形成与治理任务、治理需求相适应的环境治理能力和治理水平，继续严格落实生态环境责任清单，深化生态环境保护督察，推动形成全社会各方参与的大生态环境保护新格局。推进是生态化生产方式和生态化生活方式在龙江大地上形成，真正实现绿水青山、冰天雪地向金山银山的转变。

第三章

各地市地方政府生态文明建设重视程度情况

为客观评价黑龙江省各地市地方政府对生态文明建设的重视程度，项目组成员通过网络问卷调查的方式，对黑龙江省 13 个地市进行了情况调研。根据去年的研究结论，课题组对 10 个实测指标按照 4 个公因子进行数据处理及分析，4 个公因子即为黑龙江省地方政府生态文明建设重视程度评价体系的三级指标，分别为监督管理、服务与执行、制度建设、生产生活。本轮调研评价的特点主要有三个方面，一是三级评价指标的科学性；二是可以分别对比 13 个地市在四项三级评价指标的得分，得出相应分数进行比较分析；三是可以根据综合得分公式 $F = 0.23729 \times F_1 + 0.22291 \times F_2 + 0.1897 \times F_3 + 0.16113 \times F_4$ 对黑龙江省 13 个地市政府对生态文明建设的重视程度进行较为客观、科学地评价并提出对策建议。

第一节　调查研究的基本情况

一、调研基本概况

本轮问卷调查对对黑龙江省 13 个地市进行了情况调研，在充分考虑性别、年龄、学历、收入、居住地等因素的基础上，尽量保证样本呈正态分布。本轮调研共发放问卷 2449 份，共回收有效问卷 2255 份，有效率为 92.07%。调研问卷设计结构合理、直观科学，样本采集方式科学合理，调研具有一定的代表性，能较为客观地通过人民群众对地方政府生态文明建设重视程度的评价，科学地反映目前黑龙江各地方政府对生态文明建设重视程度的实效性。

二、调研采用的统计分析方法

本轮调研借助问卷星软件进行网络问卷的形式进行调查研究。在因子分析及相关性分析的基础上，进行描述性分析和交叉分析。为了配合本轮研究所采用的分析方法，对调查问卷进行了相应的调整与改进。具体包括两个大的部分的内容，其一是调查对象的基本信息情况；其二是调查对象所在地政府对生态文明建设重视程度的量表。其中，第二个部分的量表设计依据的是我国政府环境行政管理的基本职能，即：宏观指导职能、统筹规划职能、组织协调职能、监督检查职能、服务咨询职能。地方政府生态文明建设重视程度的量表设计，以政府环境行政管理的基本职能为范畴，以市级环保机构的具体职能为内容，得出因子分析的量表指标。在因子分析的基础上按照4个三级指标(10个观测点)进行量表设计。本研究采用总加量表中的李克特量表，分析黑龙江省各地方政府在生态文明建设过程中，人民群众对政府重视程度的总体看法。在量表的测量尺度上从五级改良为十级，有效地提高量表的客观性、科学性和有效性。

三、调研数据统计分析

1. 调查问卷样本分布情况

共回收黑龙江13个地市的2255份有效调查问卷，其中哈尔滨312份，占比例13.84%；齐齐哈尔254份，占比例11.26%；牡丹江94份，占比例4.17%；佳木斯125份，占比例5.54%；七台河91份，占比例4.04%；大庆240份，占比例10.64%；黑河92份，占比例4.08%；绥化96份，占比例4.26%；伊春224份，占比例9.93%；鹤岗100份，占比例4.43%；双鸭山203份，占比例9%；鸡西243份，占比例10.78%；大兴安岭181份，占比例8.03%。

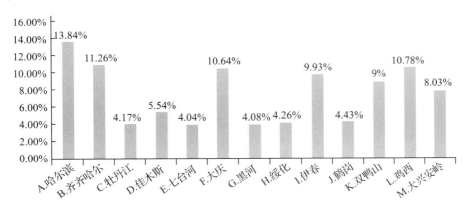

图 3-1 样本所在地分布情况图

2. 城乡比例情况

城市有 1589 份，占总比例的 70.47%，乡村有 666 份，占总比例的 29.53%。数据更偏向呈现黑龙江各地方政府在城市中对生态文明建设重视程度的实效性。

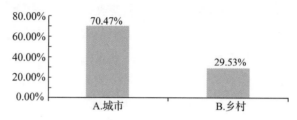

图 3-2　样本城乡分布情况图

3. 男女比例情况

男士的有 978 份，占总比例的 43.37%，女士的有 1277 份，占总比例的 56.63%。

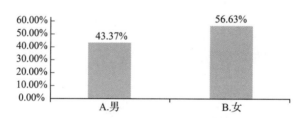

图 3-3　样本性别分布情况图

4. 年龄比例情况

18 岁到 29 岁的有 991 份，占比例的 43.95%；30 岁到 39 岁的有 369 份，占比例的 16.36%；40 岁到 49 岁的有 473 份，占比例的 20.98%；50 岁到 59 岁的有 293 份，占比例的 12.99%；60 岁以上的有 129 份，占比例 5.72%。由此可见各年龄段都关注政府对生态文明的重视程度，随着生态文明理念逐渐普及，18 岁到 29 岁对生态文明这一理念更加关注。

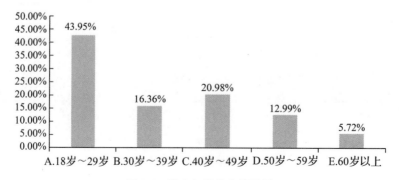

图 3-4　样本年龄分布情况图

在年龄分布上 18 岁到 29 岁所占比例较多，在交叉分析时可将 30 岁到 49 岁的样本以及 50 岁以上的样本进行合并，使调研样本呈正态分布。

5. 在本地区生活、工作时长情况

生活或工作一年以下的有 362 份，占比例的 16.05%；生活或工作 2 年至 5 年的有 410 份，占比例的 18.18%；生活或工作 6 年到 10 年的有 218 份，占比例的 9.67%；生活或工作 11 年到 20 年的有 445 份，占比例的 19.73%；生活或工作 20 年以上的有 820 份，占比例 36.36%。由此数据可知，生活或工作在 20 年以上的人更清晰地了解当地政府对生态文明的重视程度。

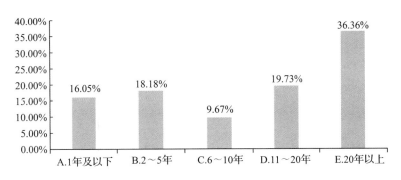

图 3-5　样本居住时间分布情况图

6. 学历分布情况

小学学历的有 174 份，占总比例的 7.72%；初高中学历的有 541 份，占总比例的 23.99%；高职高专学历的有 340 份，占总比例的 15.08%；本科学历的有 1054 份，占总比例的 46.74%；研究生学历的有 146 份，占总比例的 6.47%；随着高等教育入学率提升，以及生态文明在教育体系中的融入，本科学历对生态文明关注程度最高。

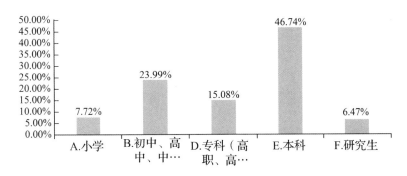

图 3-6　样本学历分布情况图

7. 职业分布情况

职业是公务员的有 342 份，占总比例的 15.7%；职业是专业技术人员的有

446 份，占总比例的 19.78%；职业是办事人员的有 148 份，占总比例的 6.56%；职业是商业、服务业人员的有 239 份，占总比例的 10.6%；职业是农林牧副渔生产人员的有 173 份，占总比例的 7.67%；职业是生产、运输设备操作人员及有关人员的有 60 份，占总比例的 2.66%；职业是军人的有 33 份，占总比例的 1.46%；职业不便分类的其他从业人员的有 814 份，占总比例的 36.1%；黑龙江各地方政府在城市中对生态文明建设重视程度影响着社会各行各业，需要加大力度，积极落实生态文明建设。

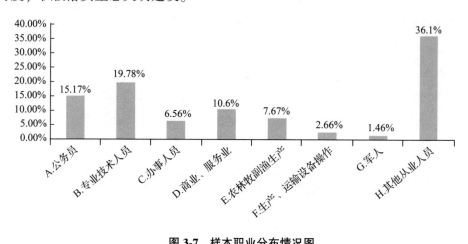

图 3-7　样本职业分布情况图

8. 收入情况分布

收入 1000 元以下的有 658 份，占比例的 29.18%；收入 1001 元至 2000 元的有 373 份，占比例的 16.54%；收入 2001 元至 3000 元的有 358 份，占比例的 15.88%；收入 3001 元至 5000 元的有 454 份，占比例的 20.13%；收入 5000 元以上的有 412 份，占比例的 18.27%；收入高低对人民关注政府对生态文明的重视程度影响不大，各收入群体都普遍关注政府对生态文明的建设。

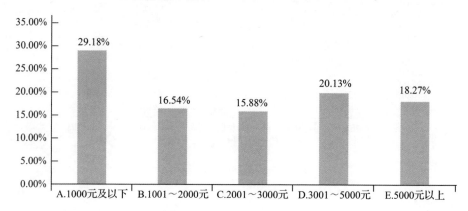

图 3-8　样本收入分布情况图

9. 人民群众对当地政府在生态文明建设重视程度的认可度分析

由人民群众在 10 个生态文明建设方面对所在的地方政府的重视程度进行评价，1～10 代表对所在的地方政府在生态文明建设方面由低到高的重视程度，得到数据如下：

(1)政府解决所在地突出的生态环境问题平均分为 7.41 分。

(2)设置必要的专门环境保护机构平均分为 7.44 分。

(3)政府对生态环境目标、政策的有效执行能力平均分为 7.39 分。

(4)提升环境保护的科技创新能力平均分为 7.37 分。

(5)制定环保法规及环保标准(相关地方法规、企业准入条件等)平均分为 7.43 分。

(6)制定适合当地的环境发展战略(如环境目标规划、政策制度)平均分为 7.39 分。

(7)积极开展对下级政府和企业的环境保护的指导平均分为 7.44 分。

(8)提升发展生态经济和经济生态的能力平均分为 7.41 分。

(9)有效地改善居住环境，提供优质的生态产品平均分为 7.45 分。

(10)积极开展环境保护的宣传教育平均分为 7.45 分。

各项生态文明建设举措总平均分为 7.42 分。因此，政府在环境保护机构设置、制定环保法规或环保标准、积极开展对下级政府和企业的环境保护的指导、改善居住环境提供优质生态产品和积极开展环境保护的宣传教育五个方面生态文明建设工作较好，超过了平均水平，如图 3-9 所示。

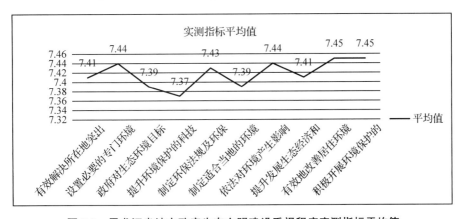

图 3-9　黑龙江省地方政府生态文明建设重视程度实测指标平均值

第二节　政府生态文明建设重视程度评价

课题组对 10 个实测指标按照 4 个公因子进行数据处理及分析，4 个公因子即为黑龙江省地方政府生态文明建设重视程度评价体系的三级指标，分别为监督管理、服务与执行、制度建设、生产生活。根据综合得分公式 $F = 0.23729 \times F_1 + 0.22291 \times F_2 + 0.1897 \times F_3 + 0.16113 \times F_4$ 对黑龙江省 13 个地市政府对生态文明建设的重视程度进行较为客观、科学地评价并提出对策建议。

一、评价指标体系

将 10 个实测指标按照三级评价指标进行分类，根据黑龙江省地方政府生态文明建设重视程度三级评价指标，分别计算 4 个三级指标中的实测指标的平均值。具体评价指标，如表 3-1 所示。

表 3-1　黑龙江黑龙江省地方政府生态文明建设重视程度三级评价指标表

三级指标	实测指标	权重
监督管理	有效解决所在地突出的生态环境问题	23.729%
	设置必要的专门环境保护机构	
	依法对环境产生影响的社会经济活动进行有效监督	
服务与执行	积极开展环境保护的宣传教育	22.291%
	政府对生态环境目标、政策的有效执行能力	
	提升环境保护的科技创新能力	
制度建设	制定环保法规及环保标准(相关地方法规、企业准入条件等)	18.97%
	制定适合当地的环境发展战略(如环境目标规划、政策制度)	
生产生活	提升发展生态经济和经济生态的能力	16.113%
	有效地改善居住环境，提供优质的生态产品	

二、具体评价

1. 哈尔滨市

按照黑龙江省地方政府生态文明建设重视程度的评价指标体系，根据 10 个实测指标的得分，分别统计哈尔滨市 4 个三级指标的平均值。其中监督管理为 7.283，服务与执行为 7.29，制度建设为 7.26，生产生活为 7.23。具体数据如表 3-2 所示。通过分析发现哈尔滨市 4 个三级评价指标的平均值均低于总表三级指标的平均值。由此可见，哈尔滨市人民群众对地方政府在生态文明建设重视程度方面的认可度不高。

表 3-2 哈尔滨市生态文明建设政府重视程度评价表

三级指标	实测指标平均值	三级指标平均值	总表三级指标平均值
监督管理	7.23	7.283	7.43
	7.32		
	7.3		
服务与执行	7.34	7.29	7.4
	7.27		
	7.26		
制度建设	7.2	7.26	7.41
	7.32		
生产生活	7.29	7.23	7.43
	7.71		

2. 齐齐哈尔市

按照黑龙江省地方政府生态文明建设重视程度的评价指标体系，根据 10 个实测指标的得分，分别统计齐齐哈尔市 4 个三级指标的平均值。其中监督管理为 7.91，服务与执行为 7.836，制度建设为 7.865，生产生活为 7.92。具体数据如表 3-3 所示。通过分析发现齐齐哈尔市 4 个三级评价指标的平均值均高于总表三级指标的平均值。由此可见，齐齐哈尔市人民群众对地方政府在生态文明建设重视程度方面的认可度较高。

表 3-3 齐齐哈尔市生态文明建设政府重视程度评价

三级指标	实测指标平均值	三级指标平均值	总表三级指标平均值
监督管理	7.84	7.91	7.43
	7.95		
	7.93		
服务与执行	7.78	7.836	7.4
	7.87		
	7.86		
制度建设	7.89	7.865	7.41
	7.84		
生产生活	7.9	7.92	7.43
	7.94		

3. 牡丹江市

按照黑龙江省地方政府生态文明建设重视程度的评价指标体系，根据 10 个实测指标的得分，分别统计牡丹江市 4 个三级指标的平均值。其中监督管理为

7.45，服务与执行为 7.53，制度建设为 7.62，生产生活为 7.545。具体数据如表 3-4 所示。通过分析发现牡丹江市 4 个三级评价指标的平均值均高于总表三级指标的平均值。由此可见，牡丹江市人民群众对地方政府在生态文明建设重视程度方面的认可度较高。

表 3-4 牡丹江市生态文明建设政府重视程度评价表

三级指标	实测指标平均值	三级指标平均值	总表三级指标平均值
监督管理	7.32	7.45	7.43
	7.64		
	7.39		
服务与执行	7.6	7.53	7.4
	7.46		
	7.61		
制度建设	7.74	7.62	7.41
	7.5		
生产生活	7.44 7.65	7.545	7.43

4. 佳木斯市

按照黑龙江省地方政府生态文明建设重视程度的评价指标体系，根据 10 个实测指标的得分，分别统计佳木斯市 4 个三级指标的平均值。其中监督管理为 7.17，服务与执行为 7.165，制度建设为 7.14，生产生活为 7.205。具体数据如表 3-5 所示。通过分析发现佳木斯市 4 个三级评价指标的平均值均明显低于总表三级指标的平均值。由此可见，佳木斯市人民群众对地方政府在生态文明建设重视程度方面的认可度较低。

表 3-5 佳木斯市生态文明建设政府重视程度评价表

三级指标	实测指标平均值	三级指标平均值	总表三级指标平均值
监督管理	7.22	7.17	7.43
	7.12		
	7.16		
服务与执行	7.14	7.165	7.4
	7.11		
	7.19		
制度建设	7.12	7.14	7.41
	7.16		
生产生活	7.14 7.27	7.205	7.43

5. 七台河市

按照黑龙江省地方政府生态文明建设重视程度的评价指标体系，根据 10 个实测指标的得分，分别统计七台河市 4 个三级指标的平均值。其中监督管理为 7.31，服务与执行为 7.25，制度建设为 7.19，生产生活为 7.355。具体数据如表 3-6 所示。通过分析发现七台河市 4 个三级评价指标的平均值均明显低于总表三级指标的平均值。由此可见，七台河市人民群众对地方政府在生态文明建设重视程度方面的认可度相对较低。

表 3-6　七台河市生态文明建设政府重视程度评价表

三级指标	实测指标平均值	三级指标平均值	总表三级指标平均值
监督管理	7.21	7.31	7.43
	7.43		
	7.29		
服务与执行	7.11	7.25	7.4
	7.31		
	7.33		
制度建设	7.15	7.19	7.41
	7.23		
生产生活	7.37 7.34	7.355	7.43

6. 大庆市

按照黑龙江省地方政府生态文明建设重视程度的评价指标体系，根据 10 个实测指标的得分，分别统计大庆市 4 个三级指标的平均值。其中监督管理为 7.643，服务与执行为 7.626，制度建设为 7.635，生产生活为 7.705。具体数据如表 3-7 所示。通过分析发现大庆市 4 个三级评价指标的平均值均明显高于总表三级指标的平均值。由此可见，大庆市人民群众对地方政府在生态文明建设重视程度方面的认可度较高。

表 3-7　大庆市生态文明建设政府重视程度评价表

三级指标	实测指标平均值	三级指标平均值	总表三级指标平均值
监督管理	7.67	7.643	7.43
	7.63		
	7.63		
服务与执行	7.66	7.626	7.4
	7.66		
	7.56		

（续）

三级指标	实测指标平均值	三级指标平均值	总表三级指标平均值
制度建设	7.62	7.635	7.41
	7.65		
生产生活	7.75	7.705	7.43
	7.66		

7. 黑河市

按照黑龙江省地方政府生态文明建设重视程度的评价指标体系，根据 10 个实测指标的得分，分别统计黑河市 4 个三级指标的平均值。其中监督管理为 9.765，服务与执行为 9.76，制度建设为 9.74，生产生活为 9.795。具体数据如表 3-8 所示。通过分析发现黑河市 4 个三级评价指标的平均值均明显高于总表三级指标的平均值。由此可见，黑河市人民群众对地方政府在生态文明建设重视程度方面的认可度较高。但是从黑河的统计数据看，样本的数据大大偏离平均水平，说明黑河市在进行样本采集时存在一定的问题。

表 3-8 黑河市生态文明建设政府重视程度评价表

三级指标	实测指标平均值	三级指标平均值	总表三级指标平均值
监督管理	9.75	9.756	7.43
	9.74		
	9.78		
服务与执行	9.77	9.76	7.4
	9.77		
	9.74		
制度建设	9.74	9.74	7.41
	9.74		
生产生活	9.79	9.795	7.43
	9.80		

8. 绥化市

按照黑龙江省地方政府生态文明建设重视程度的评价指标体系，根据 10 个实测指标的得分，分别统计绥化市 4 个三级指标的平均值。其中监督管理为 6.93，服务与执行为 6.89，制度建设为 6.955，生产生活为 6.97。具体数据如表 3-9 所示。通过分析发现绥化市 4 个三级评价指标的平均值均明显低于总表三级指标的平均值。由此可见，绥化市人民群众对地方政府在生态文明建设重视程度方面的认可度较低。

表 3-9　绥化市生态文明建设政府重视程度评价表

三级指标	实测指标平均值	三级指标平均值	总表三级指标平均值
监督管理	6.82	6.93	7.43
	7.03		
	6.94		
服务与执行	6.75	6.89	7.4
	6.93		
	6.99		
制度建设	6.88	6.995	7.41
	7.03		
生产生活	6.88	6.97	7.43
	7.06		

9. 伊春市

按照黑龙江省地方政府生态文明建设重视程度的评价指标体系，根据 10 个实测指标的得分，分别统计伊春市 4 个三级指标的平均值。其中监督管理为 6.093，服务与执行为 6.033，制度建设为 5.97，生产生活为 6.155。具体数据如表 3-10 所示。通过分析发现伊春市 4 个三级评价指标的平均值均明显低于总表三级指标的平均值。由此可见，伊春市人民群众对地方政府在生态文明建设重视程度方面的认可度较低。

表 3-10　伊春市生态文明建设政府重视程度评价表

三级指标	实测指标平均值	三级指标平均值	总表三级指标平均值
监督管理	6.23	6.093	7.43
	5.76		
	6.29		
服务与执行	6.22	6.033	7.4
	5.9		
	5.98		
制度建设	5.83	5.97	7.41
	6.11		
生产生活	6.1	6.155	7.43
	6.21		

10. 鹤岗市

按照黑龙江省地方政府生态文明建设重视程度的评价指标体系，根据 10 个实测指标的得分，分别统计鹤岗市 4 个三级指标的平均值。其中监督管理为 7.426，服务与执行为 7.416，制度建设为 7.4105，生产生活为 7.38。具体数据如表3-11所示。通过分析发现鹤岗市1个三级评价指标高于总表平均值，2个三级评价指标的平均值相对接近总表三级指标的平均值。由此可见，鹤岗市人民群众对地方政府在生态文明建设重视程度方面的认可度相对较高。

表 3-11　鹤岗市生态文明建设政府重视程度评价表

三级指标	实测指标平均值	三级指标平均值	总表三级指标平均值
监督管理	7.43	7.426	7.43
	7.43		
	7.42		
服务与执行	7.51	7.416	7.4
	7.46		
	7.28		
制度建设	7.43	7.405	7.41
	7.38		
生产生活	7.3 7.46	7.38	7.43

11. 双鸭山市

按照黑龙江省地方政府生态文明建设重视程度的评价指标体系，根据10个实测指标的得分，分别统计双鸭山市4个三级指标的平均值。其中监督管理为7.286，服务与执行为7.12，制度建设为7.2，生产生活为7.18。具体数据如表3-12所示。通过分析发现双鸭山市4个三级评价指标的平均值均低于总表三级指标的平均值。由此可见，双鸭山市人民群众对地方政府在生态文明建设重视程度方面的认可度较低。

表 3-12　双鸭山市生态文明建设政府重视程度评价表

三级指标	实测指标平均值	三级指标平均值	总表三级指标平均值
监督管理	7.11	7.286	7.43
	7.5		
	7.25		
服务与执行	7.2	7.12	7.4
	7.12		
	7.04		
制度建设	7.19	7.2	7.41
	7.21		
生产生活	7.16 7.2	7.18	7.43

12. 鸡西市

按照黑龙江省地方政府生态文明建设重视程度的评价指标体系，根据10个实测指标的得分，分别统计鸡西市 4 个三级指标的平均值。其中监督管理为 6.843，服务与执行为 6.89，制度建设为 6.92，生产生活为 6.845。具体数据如表 3-5 所示。通过分析发现鸡西市 4 个三级评价指标的平均值均明显低于总表三级指标的平均值。由此可见，鸡西市人民群众对地方政府在生态文明建设重视程度方面的认可度较低。

表 3-13 鸡西市生态文明建设政府重视程度评价表

三级指标	实测指标平均值	三级指标平均值	总表三级指标平均值
监督管理	6.84	6.843	7.43
	6.85		
	6.84		
服务与执行	7.05	6.89	7.4
	6.85		
	6.77		
制度建设	6.95	6.92	7.41
	6.89		
生产生活	6.79	6.845	7.43
	6.9		

13. 大兴安岭地区

按照黑龙江省地方政府生态文明建设重视程度的评价指标体系，根据 10 个实测指标的得分，分别统计大兴安岭地区 4 个三级指标的平均值。其中监督管理为 8.646，服务与执行为 8.63，制度建设为 8.64，生产生活为 8.575。具体数据如表 3-14 所示。通过分析发现大兴安岭地区 4 个三级评价指标的平均值均明显高于总表三级指标的平均值。由此可见，大兴安岭地区人民群众对地方政府在生态文明建设重视程度方面的认可度较高。但是，大兴安岭地区的数据也存在样本数据偏离平均水平过大的情况，说明大兴安岭地区在进行样本采集时也存在一定问题。

表 3-14 大兴安岭地区生态文明建设政府重视程度评价表

三级指标	实测指标平均值	三级指标平均值	总表三级指标平均值
监督管理	8.68	8.646	7.43
	8.68		
	8.58		
服务与执行	8.67	8.63	7.4
	8.64		
	8.58		

（续）

三级指标	实测指标平均值	三级指标平均值	总表三级指标平均值
制度建设	8.64	8.64	7.41
	8.64		
生产生活	8.54	8.574	7.43
	8.61		

第三节 评价结果及分析

根据黑龙江省地方政府生态文明建设重视程度三级评价指标的权重，将4个三级评价指标按照综合得分公式进行加总，再按照综合得分对黑龙江省13个地市进行排序，得出相应结论。

一、评价结果

黑龙江省各地方政府生态文明建设重视程度综合得分 $F = 0.23729 \times F_1 + 0.22291 \times F_2 + 0.1897 \times F_3 + 0.16113 \times F_4$，其中 F_1、F_2、F_3、F_4 为13个地市三级指标的平均值。各地方政府综合得分保留小数点后两位，具体数据如表3-15所示。

表 3-15 黑龙江省各地方政府生态文明建设重视程度综合得分表

城市	监督管理	服务执行	制度建设	生产生活	综合得分	排名
黑河	9.756	9.76	9.74	9.795	7.92	1
大兴安岭	8.646	8.63	8.64	8.575	7.00	2
齐齐哈尔	7.91	7.836	7.865	7.92	6.39	3
大庆	7.643	7.626	7.635	7.705	6.20	4
牡丹江	7.45	7.53	7.62	7.545	6.11	5
鹤岗	7.426	7.416	7.405	7.38	6.01	6
七台河	7.31	7.25	7.19	7.355	5.90	7
哈尔滨	7.283	7.29	7.26	7.23	5.90	8
双鸭山	7.286	7.12	7.2	7.18	5.84	9
佳木斯	7.17	7.165	7.14	7.205	5.81	10
绥化	6.93	6.89	6.955	6.97	5.62	11
鸡西	6.843	6.89	6.92	6.845	5.58	12
伊春	6.093	6.033	5.97	6.155	4.91	13

二、评价分析

1. 取得的成绩

经过了连续三年的持续研究，本次研究无论在问卷设计、样本采集、分析工具、分析方法上较之前两年进行了明显的改进，解决了在数据采集和分析过程中存在的诸多问题，构建了黑龙江省各地方政府生态文明建设重视程度的评价指标体系，客观评价黑龙江省各地市地方政府对生态文明建设的重视程度。在三年的研究过程中，重点解决了以下几个问题。

（1）解决政府工作人员进行自我评价所存在的主观性问题

第一轮调研过程中，选择政府工作人员作为调研对象，导致样本数据趋同性太强，无法进行数据分析的严重后果。在第二年项目组通过人民群众对地方政府生态文明建设重视程度的评价，反映黑龙江各地方政府对生态文明建设重视程度的实效性。以人民群众为调研对象反映政府重视程度，一方面可以体现中国特色社会主义生态文明建设以人民为中心的发展理念，另一方面可以客观地反映黑龙江省各地方政府生态文明建设重视程度所达到的实际效果。

（2）解决了评价指标设计的主观性问题

在构建指标体系的过程中，无论是三级指标还是三级指标观测点的设计都存在一定的主观性，导致评价指标体系的科学性受到质疑。第二轮研究过程中项目组以政府环境行政管理的基本职能为范畴，以市级环保机构的具体职能为内容，对黑龙江地方政府生态文明建设的具体职能进行概括和划分，具体分解为 12 个因素，并将它们作为因子分析的实测指标。对 12 个实测指标进行降维处理，得出影响黑龙江省各地方政府生态文明建设重视程度的潜在公因子，每个公因子就是评价黑龙江省各地方政府生态文明建设重视程度的三级指标。

（3）提高了评价结果的科学性

解决评价结果单纯进行数据加权的计算方法，通过因子分析得出每个公因子的因子贡献率，每个公因子的因子贡献率即为黑龙江省各地方政府生态文明建设重视程度三级指标的权重赋值。根据因子的因子贡献率（权重赋值），得出公因子的线性表达公式，进而计算黑龙江省各地方政府生态文明建设重视程度的综合评价得分。

（4）提升了评价过程的可操作性

经过三年的积极探索以及研究方法的不断改进，本研究已经形成具有理论支撑、科学有效、可操作性较强的评价方法。在以人民为中心原则的指导下，通过改进和完善生态文明的建设的措施及方法，不断提高人民群众对地方政府生态文明建设的满意度和不断增强人民群众对地方政府生态文明建设成果的获得感。

2. 存在的问题

本轮调研过程中，由于受到客观条件的影响，黑河市和大兴安岭地区在样本采集的过程中存在数据趋同的情况。这种情况导致这两地的数据出现与平均值偏离过大的现象。同时，这两地的数据偏高也直接导致了整体数据平均数值过高的情况，使各地方政府的数据与均值比较时存在偏差。

第四节　对策和建议

为了提高人民群众对地方政府生态文明建设的满意度，不断增强人民群众对地方政府生态文明建设成果的获得感。根据黑龙江各地方政府生态文明建设重视程度的客观评价数据，可以建议黑龙江各地方政府按照影响因素由强到弱的顺序从监督管理、服务与执行、制度建设、生产生活主要影响因素出发，继续完善黑龙江省生态文明建设工作。

一、增强生态环境监督管理职能

政府对生态环境的监督管理职能是四个影响因素中人民群众反映最为强烈的一项因素。增强黑龙江省各地方政府的生态环境监督管理职能主要包括两个层面的含义，其一是生态环境监督管理的全面性，其二是生态环境监督管理的有效性。因此，黑龙江各地方政府在发挥其生态环境监督职能时，要注重监督主体和监督时序的全面性。继续强化对企业生产经营行为、资源开发及利用行为，居民消费及环保行为的监督，也应当注重对拥有环境保护责任与义务、所有经济行为主体的行政主管部门以及环境监督执法部门进行生态环境行政系统的内部监督。在监督时序上，既要注重现场监督，也要注重预先监督和反馈监督，做好环境监督的预防工作和预测工作，防止环境监督时效的滞后性问题，造成严重的生态环境危机。

二、强化生态文化服务与执行力

在生态文明建设中人民群众对获得感的提升还来源于政府生态文化服务能力和政府对所在地突出生态问题的解决能力。随着人们对生态价值认识的不断深化，人们逐渐认识到生态不仅是人们物质生产力的环境载体，也是人们精神生产力的需求源泉。各地方政府要注重生态文化建设，运用文化强大的引领力、感染力固化人与自然和谐的生态关系。通过彰显黑龙江资源型城市区域特色，深入挖掘黑龙江城市的地域文化特点，探索黑龙江生态经济发展的新路径和新思路。政府执行力的提升主要是指政府对于当地存在的突出环境问题进行明显改善和有效解决的能力。人民群众在居住环境中无法获得生态问题得到明显改善的感受，容易降低人民群众对生态文明建设的满意度。因此，强化政府在生态文明建设中的执行力，一方面要强调数据公开的透明度、准确度、对应度；另一方面要注重解决人民群众反映强烈的生态环境，要善于倾听群众心声，杜绝互相推诿、机械执行相关政策的现象和问题。

三、完善生态文明制度建设

完善生态环境行政管理制度，建立健全环境计划管理机制、环境质量管理机制、环境技术管理机制以及环境监督管理机制。完善各地市政府对于生态文明建设的地方法律法规，制定科学系统的环境保护标准和企业准入标准，制定环境发展战略并强化目标规划的执行力度。健全黑龙江资源型城市的生态保护制度和资源开发与利用制度。坚持党的领导，继续加强党委对生态文明建设工作进行总体布局。根据黑龙江省不同资源类型、不同发展阶段、不同城市规模、不同产生方式的资源型城市所面临的生态困境制定有针对性的生态文明建设发展政策。认真贯彻执行黑龙江省生态文明建设目标评价考核办法，增加公众满意度在黑龙江省绿色发展指标体系中的权重，强化对目标评价与考核过程与结果的有效监督。

四、注重提供优质的生态产品

黑龙江各地方政府要充分发挥所在城市的生态产品功能，增强生态系统对社会发展的公共服务能力，强调提升黑龙江省生态产品以及生态服务能力的质与量。现阶段黑龙江省人民群众对美好生活的向往，越来越集中于对优美生态环境的需要。人们在保障基本生态安全的基础上，既追求适度宜居的生活空间，又需要山清水秀的生态空间。既向往良好生态环境所带给人们的精神价值，也寻求生态产品经济价值、社会价值、生态价值的统一。黑龙江各地方政府要通过优化生态安全屏障体系，构建多种生态服务功能为一体的生态系统，持续提升黑龙江省生态产品的质量和数量，生态产品服务功能的长期性和稳定性，生态产品价值的多重性和转换的创新性，更好地满足人民群众日益增长的优美生态环境的需要。

第四章

各地市生态文明教育情况

　　随着生态文明建设在中国特色社会主义建设中的地位不断提升，中国的生态文明建设迈进了新时代，面临着新机遇，新挑战。生态文明建设需要正确的文明历史观的导引，要加快构建生态文明体系，必须首先进行生态文明教育。生态文明教育是塑造生态文明的有效途径，是衡量公众参与生态环境保护、提高生态文明意识的重要载体。要全面地强化生态意识和提升生态文明建设，使每个公民自觉维护与其自身生存和发展休戚与共的生态环境，最行之有效的途径就是进行生态文明教育。

　　本部分内容在前期已通过实地考察、入校访谈、发放和收集调查问卷等方式对黑龙江省13个地市进行了生态文明教育的调研，通过调研了解了各地市生态文明教育的情况，进行本部分评价的目的是总结调研数据，分析各地市研究生态文明教育中的问题并提出解决对策，从而提高生态文明教育质量，促进生态文明建设。也方便查找生态文明教育领域存在的问题和不足，为各地区、各学校改进教育工作、推进生态文明建设提供参考依据。

第一节　生态文明教育二级指标统计方法及分析

一、二级指标统计方法

　　生态文明教育情况在本次生态文明建设评价目标体系中目标类分值是10，为了更科学全面地反映黑龙江省各地市生态文明教育情况，生态文明教育调研设置了4个二级指标，指标内容和权数情况如下：

　　生态文明教育重视情况（权数3）；

　　生态文明意识培养情况（权数3）；

　　生态文明行为养成情况（权数2）；

生态文明教育保障情况(权数2)。

在对4个二级指标进行调研的过程中，采取抽样调查的方法，共设计了15道题目支撑4个二级指标，每道题目的选项分为5个等级，按照程度由高到低依次降序排列。选项的文字表述不尽相同，为便于统计，每道题选项A归纳为"非常好"；选项B归纳为"好"；选项C归纳为"一般"；选项D归纳为"不好"；选项E归纳为"很不好"。为了对15道题目进行科学的分析和统计，每道题目设置了相应的权数。

(一)第1个二级指标的内容、权数和计算方法

第1个二级指标为生态文明教育重视情况，共设置了4道题目，内容和权数分别是：

对生态文明知识学习掌握情况(权数0.6)；

本市对生态文明教育的支持关注情况(权数0.6)；

本市营造生态文明氛围情况(权数0.9)；

本市生态文明教育工作落实及效果情况(权数0.9)。

计算方法是对调查题目的选项进行赋权，每道题目根据赋权比例获得最后的分数，然后进行相加，就是第1个二级指标情况的结果。

比如：本市对居民生态文明教育重视情况共5个等级，其中非常好的百分比例=(对生态文明知识学习掌握情况×0.6+本市对生态文明教育的支持关注情况×0.6+本市营造生态文明氛围情况×0.9+本市生态文明教育工作落实及效果情况×0.9)/3。

(二)第2个二级指标的内容、权数和计算方法

第2个二级指标生态文明意识培养情况，共设置了4道题目，内容和权数分别是：

对生态文明等相关概念的了解情况(权数0.9)；

本市对生态文明相关的重要时间节点节日的宣传情况(权数0.6)；

本市生态文明教育产生的影响(权数0.6)；

市民生态文明参与意识培养情况(权数0.9)。

计算方法是对调查题目的选项进行赋权，每道题目根据赋权比例获得最后的分数，然后进行相加，就是第2个二级指标情况的结果。

比如：本市对居民生态文明意识培养情况共5个等级，其中非常好的百分比例=(对生态文明等相关概念的了解情况×0.9+本市对生态文明相关的重要时间节点节日的宣传情况×0.6+本市生态文明教育产生的影响×0.6+市民生态文明

参与意识培养情况×0.9)/3。

(三)第3个二级指标的内容、权数和计算方法

第3个二级指标为生态文明行为养成情况,共设置了4道题目,内容和权数分别是:

是否注重生态文明行为习惯(权数0.5);

是否关注热门话题如垃圾分类(权数0.5);

生活中是否使用塑料制品(权数0.5);

是否为了缩短道路而穿草坪(权数0.5)。

计算方法是对调查题目的选项进行赋权,每道题目根据赋权比例获得最后的分数,然后进行相加,就是第3个二级指标情况的结果。

比如:本市对居民生态文明行为养成情况共5个等级,其中非常好的百分比例=(是否注重生态文明行为习惯×0.5+是否关注热门话题如垃圾分类×0.5+生活中是否使用塑料制品×0.5+是否为了缩短道路而穿草坪×0.5)/2。

(四)第4个二级指标的内容、权数和计算方法

第4个二级指标为生态文明教育保障情况,共设置了4道题目,内容和权数分别是:

生态文明教育纳入公共教育情况(权数0.5);

生态文明教育纳入法律法规情况(权数0.5);

生态文明师资队伍建设情况(权数0.5);

生态文明教育理念把握情况(权数0.5)。

计算方法是对调查题目的选项进行赋权,每道题目根据赋权比例获得最后的分数,然后进行相加,就是第4个二级指标情况的结果。

比如:居民对政府生态文明教育保障情况共5个等级,其中非常好的百分比例=(生态文明教育纳入公共教育情况×0.5+生态文明教育纳入法律法规情况×0.5+生态文明师资队伍建设情况×0.5+生态文明教育理念把握情况×0.5)/2。

二、二级指标分析结果

(一)哈尔滨市生态文明教育情况二级指标单项分析结果

1. 哈尔滨市生态文明教育重视情况

对生态文明教育而言,固然要宣传、讲解有关文件,固然要普及相关的生态文明与环保知识,固然要宣讲有关的法规要求,但更重要的是把"顺应自然、

尊重自然"的观念渗入国民教育和社会教育的各个方面和全部过程。哈尔滨市超过70%的居民认为本市生态文明教育重视程度非常好，大部分居民认为本市生态文明教育取得良好效果。具体情况如图4-1所示：

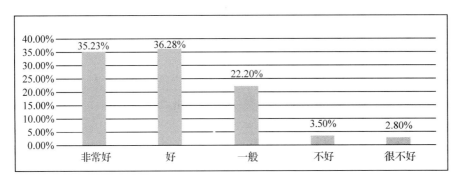

图4-1　哈尔滨市生态文明教育重视情况

2. 哈尔滨市生态文明意识培养情况

哈尔滨市居民有部分的市民表示生态文明意识培养得较好，也有市民表示一般，这说明哈尔滨市在营造良好的生态文明氛围方面表现尚可，但也仍需加强，如对世界环境日、植树节等时间点应该加大宣传力度，争取全民知晓。具体情况如图4-2所示：

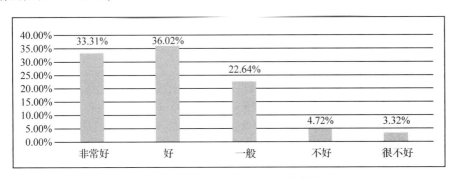

图4-2　哈尔滨市生态文明意识培养情况

3. 哈尔滨市生态文明行为养成情况

哈尔滨市居民对生态文明行为养成情况认为较好，对生态文明行为养成认为非常好的认同的总体评价最高，这说明当地生态文明教育在对市民行为的规范上发挥作用较大，市民能够意识到生态文明建设的重要性，并转化到行动中来。具体情况如图4-3所示：

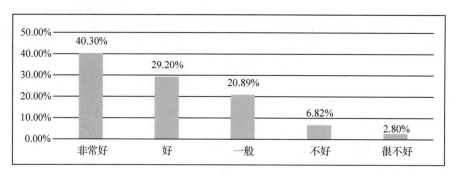

图4-3 哈尔滨市生态文明行为养成情况

4. 哈尔滨市生态文明教育保障情况

哈尔滨市生态文明教育保障情况总体较好，教育保障上需要政府把尊重和顺应自然、保护生态环境的观念作为立德树人特别是品德教育的重要内容，纳入小学、中学、大学的各个学段，并与实践结合。同时，学校还要把相应行为纳入各个学段的学生成长评价。具体情况如图4-4所示：

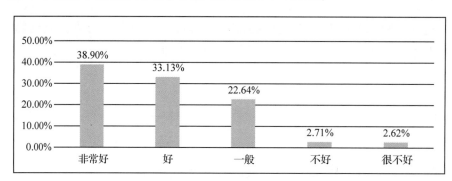

图4-4 哈尔滨市市生态文明教育保障情况

(二)齐齐哈尔市生态文明教育情况二级指标单项分析结果

1. 齐齐哈尔市生态文明教育重视情况

齐齐哈尔市民对当地政府为生态文明教育所提供的重视和关注情况还是相对认可的。当地市民对本市的生态文明氛围和环境的建设情况及当地市政府进行生态文明教育的效果大部分市民表示比较认可。具体情况如图4-5所示：

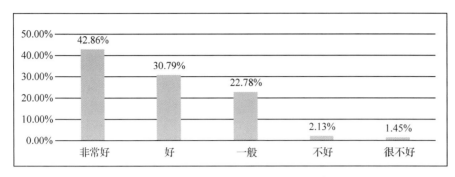

图 4-5　齐齐哈尔市生态文明教育重视情况

2. 齐齐哈尔市生态文明意识培养情况

当地市政府对市民生态文明意识的培养情况落实效果较好，大体能够形成生态保护意识，综合整体情况来看，当地政府在这方面的工作落实还是比较到位的。具体情况如图 4-6 所示：

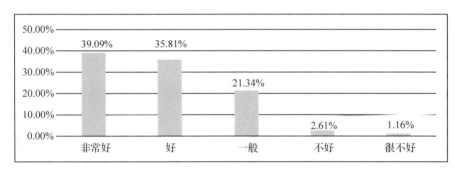

图 4-6　齐齐哈尔市生态文明意识培养情况

3. 齐齐哈尔市生态文明行为养成情况

当地市民在生态文明行为养成方面的表现较好。多数人能够自觉践行良好的生态文明行为，也充分表现出只有心灵深处构筑起牢固的生态屏障，摒弃不良的生活习惯，才能养成良好的生态文明行为，提高生态文明的素质。具体情况如图 4-7 所示：

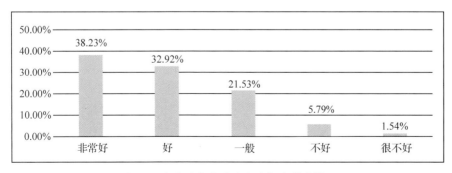

图 4-7　齐齐哈尔市生态文明行为养成情况

4. 齐齐哈尔市生态文明教育保障情况

齐齐哈尔市在生态文明教育保障方面的工作落实比较到位，取得了一定的实际效果，并且得到市民们的普遍认可。但是问题依旧是存在的，有关部门还应抓紧推出各个学段的生态文明教育示范课程和教材。除此之外，在师资方面，学校和社会要开展各个学段的教师培训，不仅培训专门讲授生态文明课程的教师，还要培训通识教师和各专业教师，以便将生态文明更好地融入教学。具体情况如图4-8所示：

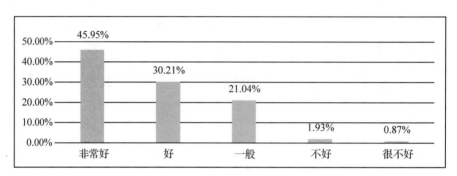

图4-8　齐齐哈尔市生态文明教育保障情况

(三)牡丹江市生态文明教育情况二级指标单项分析结果

1. 牡丹江市生态文明教育重视情况

大部分的市民认为牡丹江市比较注重生态文明教育的支持和关注，此项在四项指标中总体是分值最高的。可以说，牡丹江市生态文明教育重视程度较好，受重视程度较高，得到了大多数市民的认可。具体情况如图4-9所示：

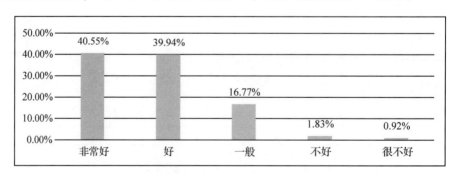

图4-9　牡丹江市生态文明教育重视情况

2. 牡丹江市生态文明意识培养情况

牡丹江市市民对生态文明意识培养情况总体较好，本市采取多种行之有效的形式，在做本市市民的生态文明意识的教育和培养工作，取得了不错的效果。具体情况如图4-10所示：

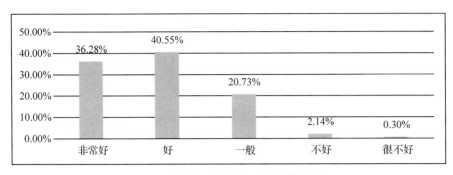

图 4-10 牡丹江市生态文明意识培养情况

3. 牡丹江市生态文明行为养成情况

在此项指标中，牡丹江市市民认为很不好的人数增多，也表现出本市生态文明行为养成情况一般，部分市民对于保护环境，不践踏草坪等行为意识上还有所欠缺。具体情况如图 4-11 所示：

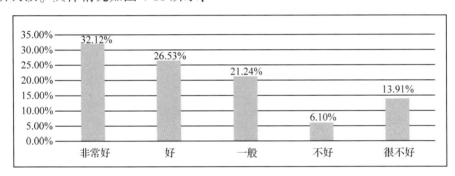

图 4-11 牡丹江市生态文明行为养成情况

4. 牡丹江市生态文明教育保障情况

加强生态文明教育，关键是要充分发挥学校教育的基础性作用。大部分市民认为牡丹江市生态文明教育已纳入公共教育中，并且确立或设立了行政主管部门，把工作层层落实，并制定法律法规。为生态文明教育提供政策支持，加强师资建设，但有部分市民并不这样认为，建议有关部门还应抓紧推出各个学段的生态文明教育示范课程和教材。具体情况如图 4-12 所示：

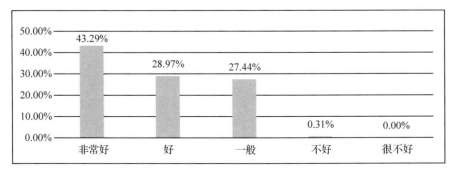

图 4-12 牡丹江市生态文明教育保障情况

(四)佳木斯市生态文明教育情况二级指标单项分析结果

1. 佳木斯市生态文明教育重视情况

推进生态文明教育是一项久久为功的大工程，需要公民从思想上重视，从行动上支持。佳木斯市市民多数都表示接触过生态文明知识学习的相关内容，政府对生态文明教育重视情况总体较好，居民认为总体水平较高。具体情况如图 4-13 所示：

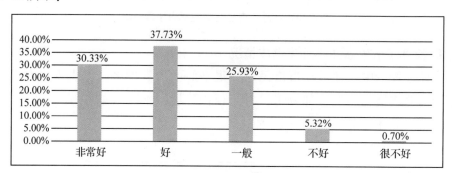

图 4-13　佳木斯市生态文明教育重视情况

2. 佳木斯市生态文明意识培养情况

科学正确的生态文明意识是生态文明教育建设的源泉。佳木斯市多数市民表示对生态文明，可持续发展，低碳生活等与生态文明建设紧密相关的词汇概念有大概的了解和认知。对生态文明教育的重视程度较高，大多数市民认为生态环境保护教育对孩童影响非常大，希望政府加大生态文明教育培养力度，帮助下一代人培养生态文明意识。具体情况如图 4-14 所示：

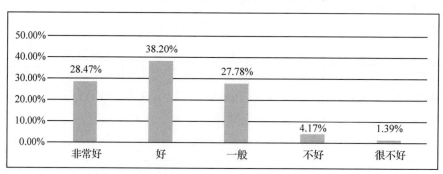

图 4-14　佳木斯市生态文明意识培养情况

3. 佳木斯市生态文明行为养成情况

生态文明建设的呼声越来越高，佳木斯市市民对生态文明行为养成情况较乐观，学校在进行现代化人才培养过程中也越来越重视生态文明行为养成教育，强化当代对生态文明的认识。具体情况如图 4-15 所示：

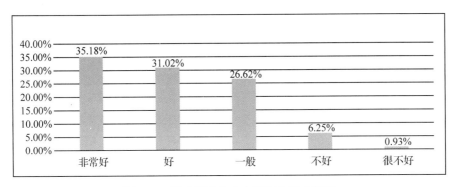

图 4-15　佳木斯市生态文明行为养成情况

4. 佳木斯市生态文明教育保障情况

理顺生态文明教育管理的体制机制，整合生态文明教育资源，确立党委、政府在生态教育工作中的主导地位，是保障生态文明教育顺利开展的基础条件。佳木斯市生态文明教育保障情况总体表现优良，能够落实多项保障条件。

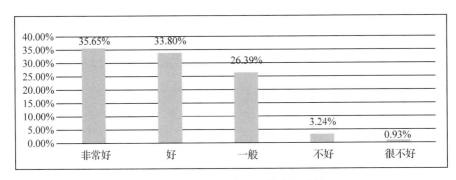

图 4-16　佳木斯市生态文明教育保障情况

(五)大庆市生态文明教育情况二级指标单项分析结果

1. 大庆市生态文明教育重视情况

大庆市生态文明氛围和环境情况相对来说较好，能够重视生态文明建设工作，将其列入工作的重要议事日程。具体情况如图 4-17 所示：

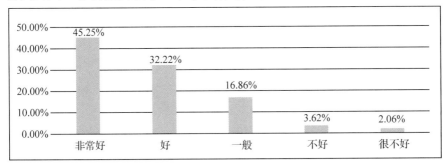

图 4-17　大庆市生态文明教育重视情况

2. 大庆市生态文明意识培养情况

大庆市能够重视和加强生态文明教育工作，开展丰富多彩、形式多样的活动，学校在教育教学过程中对学生生态文明意识的启发、引导和培养较为积极。具体情况如图4-18所示：

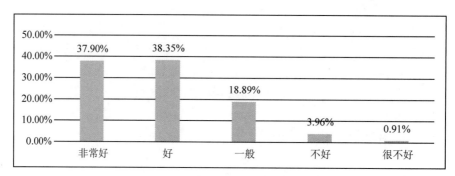

图 4-18 大庆市生态文明意识培养情况

3. 大庆市生态文明行为养成情况

大庆市市民的生态文明意识自觉和行为自觉能力比较强，大体能够重视对其市民生态文明素养的进行合理培养，但也有可提升的空间，需要大庆市政府在今后的工作中不断加强对市民进一步加强相关生态文明行为的养成教育。具体情况如图4-19所示：

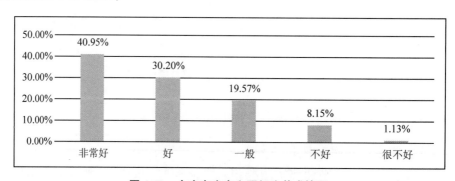

图 4-19 大庆市生态文明行为养成情况

4. 大庆市生态文明教育保障情况

大庆市能够将生态环境教育贯穿到学校教育管理的各个环节，发挥了学校在生态文明建设中的阵地作用。市民满意度较高，认为非常好的比例为四项指标中的最高。具体情况如图4-20所示：

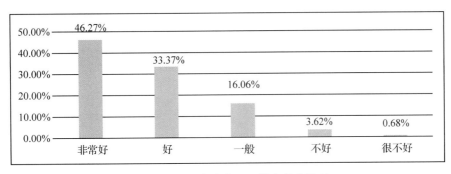

图 4-20　大庆市生态文明教育保障情况

(六)鸡西市生态文明教育情况二级指标单项分析结果

1. 鸡西市生态文明教育重视情况

加强生态文明教育，养成爱护自然、保护环境的意识，是教育服务中华民族伟大复兴的重要使命。鸡西市大多数市民接触过关于生态文明知识学习的相关内容，接触并有过系统学习，多数市民认为本市为生态文明教育提供了持续的支持与关注，认为本市营造了良好的生态文明氛围和环境。具体情况如图4-21 所示：

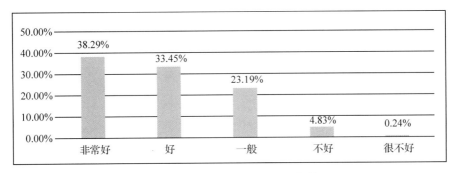

图 4-21　鸡西市生态文明教育重视情况

2. 鸡西市生态文明意识培养情况

在新时代把生态文明教育融入育人全过程，形成良好的生态文明意识，努力推动生态文明建设迈上新台阶，是每一个教育者义不容辞的责任。大部分市民对本市生态文明参与意识持肯定态度。总体上，鸡西市民生态文明意识较高。具体情况如图4-22 所示：

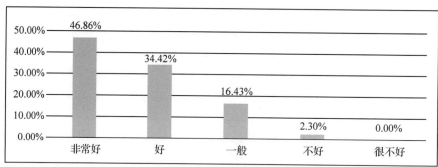

图 4-22 鸡西市生态文明意识培养情况

3. 鸡西市生态文明行为养成情况

鸡西市政府能够引导市民将生态文明行为融入到每一个人的生活中，使广大市民懂得生态保护的重要性，树立正确的生态价值观和道德观，从而在人们的心灵深处构筑起牢固的生态屏障，养成良好的生态文明行为。具体情况如图4-23 所示：

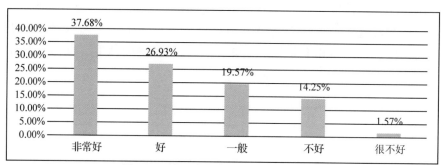

图 4-23 鸡西市生态文明行为养成情况

4. 鸡西市生态文明教育保障情况

鸡西市绝大部分市民非常同意本市生态文明教育已纳入公共教育中，并且确立或设立了行政主管部门，把工作层层落实；生态文明教育已制定法律或法规，为公民生态文明教育提供政策支持；生态文明教育已加强师资队伍建设，或有相应从事公民生态文明教育工作的志愿者参与。具体情况如图4-24 所示：

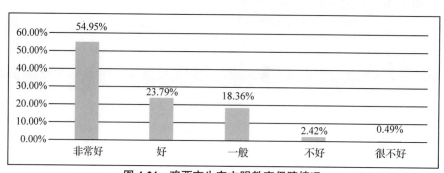

图 4-24 鸡西市生态文明教育保障情况

(七)双鸭山市生态文明教育情况二级指标单项分析结果

1. 双鸭山市生态文明教育重视情况

从整体数据来看，双鸭山市生态文明教育重视情况较好，能够注重学校生态课程的内容和教学方法，以渗透生态环境保护意识和行为习惯训练为主，把生态文明意识贯穿到教育教学过程中。具体情况如图4-25所示：

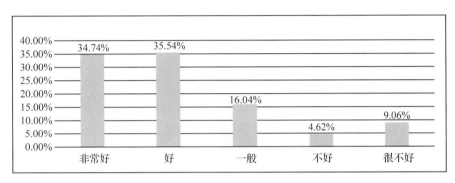

图 4-25　双鸭山市生态文明教育重视情况

2. 双鸭山市生态文明意识培养情况

双鸭山市多数市民对于生态文明意识的培养是持有积极态度的，也都愿意参与到生态文明建设的队伍中来，具体情况如图4-26所示：

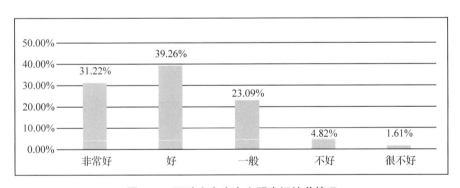

图 4-26　双鸭山市生态文明意识培养情况

3. 双鸭山市生态文明行为养成情况

双鸭山市市民较为注重保护环境，勤俭节约的行为习惯。能够形成从我做起、从现在做起、从身边小事做起的生活氛围和学习氛围，总之，双鸭山市市民还是比较注重保护环境的，愿意共同维护良好的生活环境。具体情况如图4-27所示：

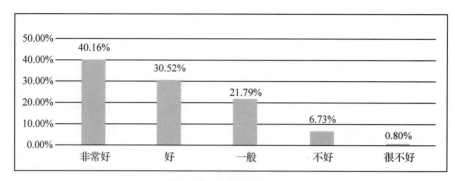

图 4-27　双鸭山市生态文明行为养成情况

4. 双鸭山市生态文明教育保障情况

理顺生态文明教育管理的体制机制，整合生态文明教育资源，确立党委、政府在生态教育工作中的主导地位，是保障生态文明教育顺利开展的基础条件。多数市民认为生态文明教育已经纳入公共教育中，确立了行政主管部门，并制定法律法规为公民生态文明教育提供支持，在教育方面也有过半调研对象认为本市已经加强了师资队伍建设，对此项指标较为认可。具体情况如图 4-28 所示：

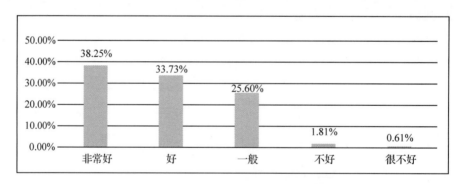

图 4-28　双鸭山市生态文明教育保障情况

（八）伊春市生态文明教育情况二级指标单项分析结果

1. 伊春市生态文明教育重视情况

伊春市作为林区，但生态文明教育方面同现代林区发展、促进绿色繁荣和生态文明建设的需求还很不适应，从非常好到很不好的数据平衡。具体情况如图 4-29 所示：

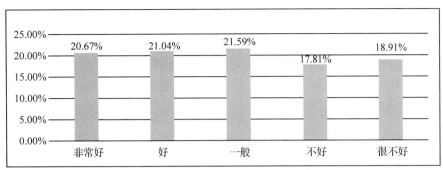

图 4-29 伊春市生态文明教育重视情况

2. 伊春市生态文明意识培养情况

新时代生态文明建设尤其注重加强生态文明宣传教育，强化公民环境意识，推动形成节约适度、绿色低碳、文明健康的生活方式和消费模式，形成全社会共同意识。伊春市在此项指标上从非常好到非常差的数据较为均衡，表现出伊春市地域上的差异，需要进一步平衡各个区县的差异。具体情况如图 4-30 所示：

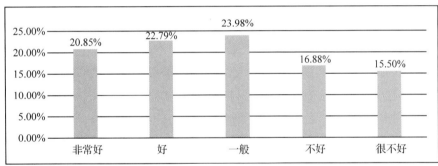

图 4-30 伊春市生态文明意识培养情况

3. 伊春市生态文明行为养成情况

伊春市几乎没有市民认为当地市民不注重保护环境，说明当地市民平时就养成了保护环境的好习惯。但是在数据体现上仍能看出本市生态文明教育对本市市民行为养成上的差异。具体情况如图 4-31 所示：

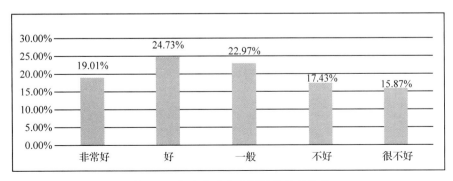

图 4-31 伊春市生态文明行为养成情况

4. 伊春市生态文明教育保障情况

要实现绿色发展，必然要求绿色教育，这是教育改革发展的重要方向。建议伊春市政府可以主导并制定将生态文明融入贯通于本市教育各个阶段、各个方面的总体规划，推进"知行合一"的生态文明教育。具体情况如图 4-32 所示：

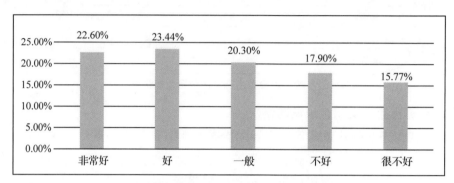

图 4-32　伊春市生态文明教育保障情况

(九)七台河市生态文明教育情况二级指标单项分析结果

1. 七台河市生态文明教育重视情况

在进行生态文明建设的过程中，必须高度重视生态文明教育，努力转变人们的生态思想观念，让人类与自然和谐相处的理念深入人心，并成为全民的自觉。七台河市的生态文明教育工作总体需要进一步提升。具体情况如图 4-33 所示：

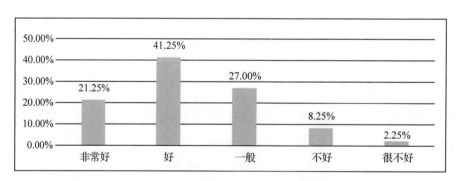

图 4-33　七台河市生态文明教育重视情况

2. 七台河市生态文明意识培养情况

七台河市生态文明意识培养情况认为较好和一般的居多，建议政府重视生态文明精神的培养，利用各种渠道宣传普及生态文明知识。具体情况如图 4-34 所示：

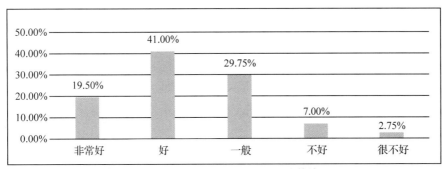

图 4-34 七台河市生态文明意识培养情况

3. 七台河市生态文明行为养成情况

七台河市生态文明行为养成方面较好，不足是通过对生态文明行为养成情况进行的调查表明，七台河市还存在对于生态文明的内涵不太清楚，认知渠道单一等情况，有一定的生态理念，但缺少生态行为的养成，需要在此方面进一步提升。具体情况如图 4-35 所示：

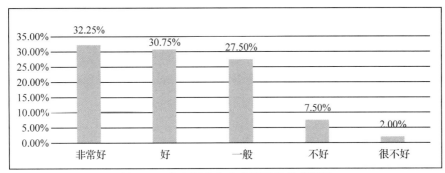

图 4-35 七台河市生态文明行为养成情况

4. 七台河市生态文明教育保障情况

多数市民对本市生态文明教育保障是持肯定态度的，市民认为生态文明教育已经纳入公共教育中，确立了行政主管部门，并制定法律法规为公民生态文明教育提供支持，在教育方面也有过半市民认为本市已经加强了师资队伍建设。具体情况如图 4-36 所示：

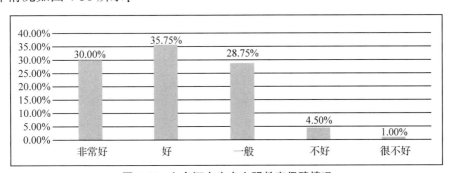

图 4-36 七台河市生态文明教育保障情况

（十）鹤岗市生态文明教育情况二级指标单项分析结果

1. 鹤岗市生态文明教育重视情况

只有政府和教育管理工作者对相关问题的教育活动足够重视，生态文明教育工作才能有序推进和有实效性开展。鹤岗市生态文明教育重视情况总体较好。具体情况如图4-37所示：

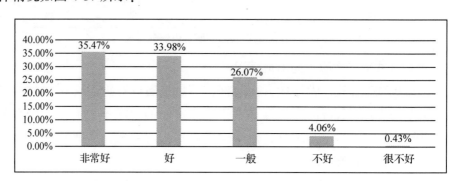

图4-37　鹤岗市生态文明教育重视情况

2. 鹤岗市生态文明意识培养情况

多数鹤岗市民的生态文明参与意识较高，在育人中对市民生态文明意识的启发、引导和培养尚得到认可。具体情况如图4-38所示：

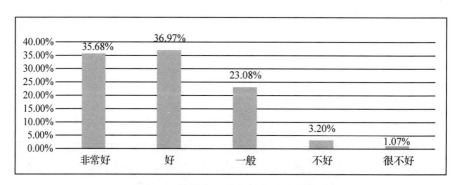

图4-38　鹤岗市生态文明意识培养情况

3. 鹤岗市生态文明行为养成情况

鹤岗市不断提升了市民的生态环保意识和文明行为，养成了符合生态文明规范的良好品行，使市民形成自觉践行生态文明的习惯。具体情况如图4-39所示：

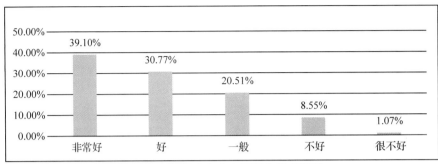

图 4-39　鹤岗市生态文明行为养成情况

4. 鹤岗市生态文明教育保障情况

多数市民认为本市已经把生态文明教育纳入到公共教育，工作落实较好，达到的效果也比较令人满意。也证明了政府对于生态文明建设提供的政策性帮助是十分行之有效的，也充分表明鹤岗市政府对于生态文明建设的投入和关注是充分的。具体情况如图 4-40 所示：

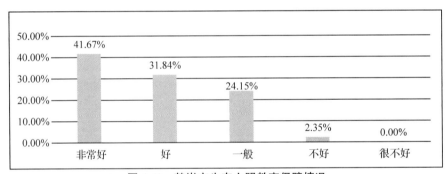

图 4-40　鹤岗市生态文明教育保障情况

(十一)黑河市生态文明教育情况二级指标单项分析结果

1. 黑河市生态文明教育重视情况

黑河市多数市民认同本市的生态文明教育工作，超过 90% 的市民持肯定态度，认为本市重视生态文明教育。具体情况如图 4-41 所示：

图 4-41　黑河市生态文明教育重视情况

2. 黑河市生态文明意识培养情况

黑河市生态文明意识培养情况很好，超过90%的市民持肯定态度。具体情况如图4-42所示：

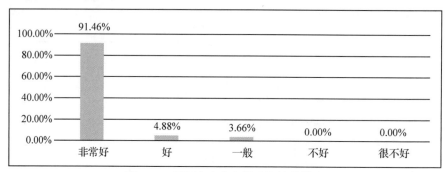

图 4-42 黑河市生态文明意识培养情况

3. 黑河市生态文明行为养成情况

黑河市市民多数认同本市的生态文明形成养成情况，能够践行低碳生活，养成低能耗、低排放的生活方式。具体情况如图4-43所示：

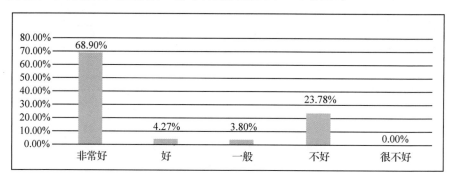

图 4-43 黑河市生态文明行为养成情况

4. 黑河市生态文明教育保障情况

多数市民对黑河市的生态文明教育保障工作满意，数据超过90%。生态文明教育有着坚实的制度保障。具体情况如图4-44所示：

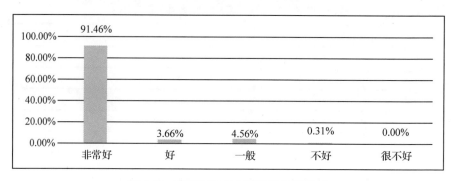

图 4-44 黑河市生态文明教育保障情况

(十二)绥化市生态文明教育情况二级指标单项分析结果

1. 绥化市生态文明教育重视情况

绥化市比较注重生态文明的相关知识的教育，但仍有少部分市民没接受过生态文明教育，绥化市生态文明教育的总体性较好，政府可进一步加强对生态文明相关知识的宣传教育。具体情况如图4-45所示：

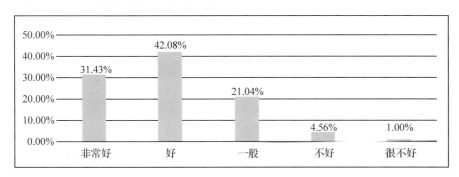

图4-45 绥化市生态文明教育重视情况

2. 绥化市生态文明意识培养情况

绥化市注重市民生态文明教育意识的培养，基本能够培养市民文明、节约、绿色、低碳的消费模式和意识。但是从数据看，具有不平衡性，建议在此方面提升。具体情况如图4-46所示：

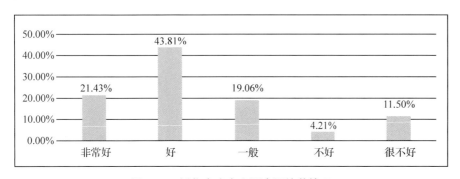

图4-46 绥化市生态文明意识培养情况

3. 绥化市生态文明行为养成情况

绥化市市民的参与意识较为不错。多数市民持肯定态度，可进一步加大对生态文明教育的重视程度，在绥化市内营造良好的环境保护氛围，帮助市民普及生态文明知识，提高市民的生态文明素养。具体情况如图4-47所示：

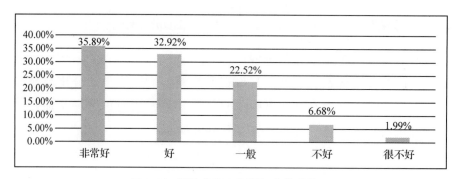

图 4-47　绥化市生态文明行为养成情况

4. 绥化市生态文明教育保障情况

绝大多数市民对绥化市的生态文明教育工作满意，可见绥化市在生态文明教育保障方面做得较为不错。具体情况如图 4-48 所示：

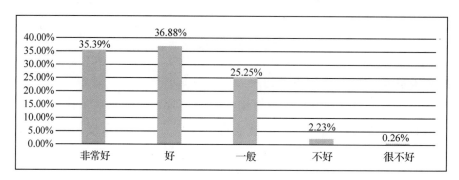

图 4-48　绥化市生态文明教育保障情况

(十三) 大兴安岭地区生态文明教育情况二级指标单项分析结果

1. 大兴安岭地区生态文明教育重视情况

大兴安岭地区对生态文明教育较为重视，绝大多数居民都认为非常好或好，生态文明普及率较高。具体情况如图 4-49 所示：

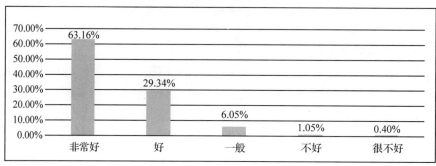

图 4-49　大兴安岭地区生态文明教育重视情况

2. 大兴安岭地区生态文明意识培养情况

加强生态文明教育，提高生态文明意识，事关生态文明建设全局。大兴安岭地区政府的宣传工作对生态文明建设具有一定的推动成效，居民对此较为认可，超过60%的居民都认为非常好，能够有效形成保护生态、节约资源、合理消费、低碳生活的意识。具体情况如图4-50所示：

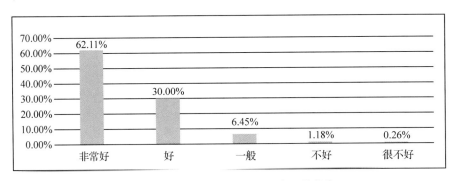

图 4-50　大兴安岭地区生态文明意识培养情况

3. 大兴安岭地区生态文明行为养成情况

大兴安岭地区居民对于垃圾清理，保护环境意识很强。社会舆论对于生态文明教育的宣传也较好，一定程度上也形成了公众生态文明意识的提升、内化于心、外化于行的自觉养成。具体情况如图4-51所示：

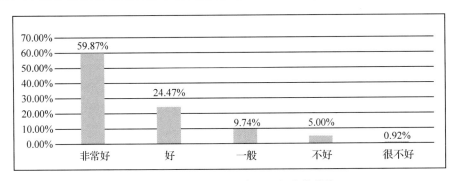

图 4-51　大兴安岭地区生态文明行为养成情况

4. 大兴安岭地区生态文明教育保障情况

大兴安岭地区居民认为本地区生态文明教育保障情况好，基本形成政府主导、全社会参与的宣教格局。具体情况如图4-52所示：

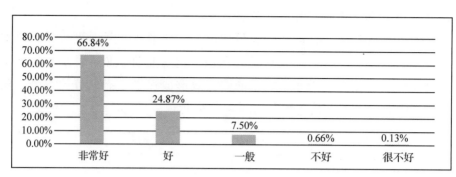

图 4-52　大兴安岭地区生态文明教育保障情况

第二节　生态文明教育情况对比分析

(一)黑龙江省各地市生态文明教育情况

根据对黑龙江省各地市生态文明教育的二级指标进行分析，现已得出黑龙江省 13 个地市生态文明教育情况的五个等级的百分比。为了对黑龙江省各地市生态文明教育进行对比，采用了科学的分析方法，方法如下：

首先将生态文明教育评价的五个等级选项进行赋值，即将"非常好"赋值为 1 分，"较好"赋值为 0.75 分，"一般"赋值为 0.5 分，"不好"赋值为 0.25 分，"很不好"赋值为 0 分。

生态文明教育评价的计算公式是："非常好"比例×1 分+"较好"比例×0.75 分+"一般"比例×0.5 分+"不好"比例×0.25 分+"很不好"比例×0 分。通过分析，得出了黑龙江省各地市生态文明教育的汇总情况、排序情况，具体情况如表 4-1 所示：

表 4-1　黑龙江省各地市生态文明教育情况汇总列表

序号	地市名称	生态文明教育重视情况	生态文明意识培养情况	生态文明行为养成情况	生态文明教育保障情况	总计
1	哈尔滨	2.23%	2.18%	1.49%	1.51%	7.41
2	齐齐哈尔	2.34%	2.31%	1.50%	1.59%	7.75
3	牡丹江	2.39%	2.32%	1.28%	1.58%	7.56
4	佳木斯	2.19%	2.16%	1.47%	1.50%	7.31
5	大庆	2.37%	2.30%	1.51%	1.60%	7.79
6	鸡西	2.31%	2.43%	1.42%	1.65%	7.81
7	双鸭山	2.11%	2.19%	1.51%	1.54%	7.34

（续）

序号	地市名称	生态文明教育重视情况	生态文明意识培养情况	生态文明行为养成情况	生态文明教育保障情况	总计
8	伊春	1.55%	1.62%	1.07%	1.10%	5.34
9	七台河	2.04%	1.99%	1.42%	1.45%	6.90
10	鹤岗	2.25%	2.27%	1.49%	1.56%	7.58
11	黑河	2.91%	2.91%	1.60%	1.93%	9.35
12	绥化	2.23%	2.00%	1.47%	1.52%	7.23
13	大兴安岭	2.66%	2.64%	1.69%	1.79%	8.77

并与 2018 年、2019 年的黑龙江省各地市生态文明教育情况进行了对比。具体情况如表4-2、表4-3所示：

表 4-2 黑龙江各地市生态文明教育情况对比

时间：2020 年、2019 年、2018 年

排序	地市名称	2020 年	2019 年	2018 年
1	哈尔滨	7.41	5.53	7.44
2	齐齐哈尔	7.75	5.94	5.29
3	牡丹江	7.56	6.49	4.44
4	佳木斯	7.31	5.93	4.15
5	大庆	7.79	6.28	6.50
6	鸡西	7.81	7.17	4.65
7	双鸭山	7.34	5.94	7.08
8	伊春	5.34	6.51	6.37
9	七台河	6.90	6.79	5.65
10	鹤岗	7.58	6.71	5.63
11	黑河	9.35	6.56	7.44
12	绥化	7.23	6.81	8.56
13	大兴安岭	8.77	6.68	6.94
14	汇总	98.14	83.34	80.14

表 4-3 黑龙江省各地市生态文明教育排序列表

时间：2020 年、2019 年、2018 年

排序（2020 年）	地市名称	数值	排序（2019 年）	地市名称	数值	排序（2018 年）	地市名称	数值
1	黑河	9.35	1	鸡西	7.17	1	绥化	8.56
2	大兴安岭	8.77	2	绥化	6.81	2	黑河	7.44
3	鸡西	7.81	3	七台河	6.79	3	哈尔滨	7.44

（续）

排序 （2020 年）	地市名称	数值	排序 （2019 年）	地市名称	数值	排序 （2018 年）	地市名称	数值
4	大庆	7.79	4	鹤岗	6.71	4	双鸭山	7.08
5	齐齐哈尔	7.75	5	大兴安岭	6.68	5	大兴安岭	6.94
6	鹤岗	7.58	6	黑河	6.56	6	大庆	6.49
7	牡丹江	7.56	7	伊春	6.51	7	伊春	6.37
8	哈尔滨	7.41	8	牡丹江	6.49	8	七台河	5.65
9	双鸭山	7.34	9	大庆	6.28	9	鹤岗	5.63
10	佳木斯	7.31	10	双鸭山	5.94	10	齐齐哈尔	5.28
11	绥化	7.23	11	齐齐哈尔	5.94	11	鸡西	4.65
12	七台河	6.90	12	佳木斯	5.93	12	牡丹江	4.44
13	伊春	5.34	13	哈尔滨	5.53	13	佳木斯	4.15

通过对 2019 年与 2018 年两个年度的黑龙江省各地市生态文明教育数据进行对比，得出的结论是：黑龙江生态文明教育总体情况是明显上升状态，2018 年的总分是 83.34 分，2019 年的总分是 80.14 分，上升了 3.2 分，2020 年的总分是 98.14 分。也能够看出黑龙江省生态文明教育取得的成效。从各地市两个年度的对比数据看，黑河市、大兴安岭地区、鸡西市、牡丹江市、双鸭山市、佳木斯市，生态文明教育情况比较稳定，大兴安岭地区的生态文明教育有较大幅度的提升，2018 年得分是 6.94 分，排名第 5 位，2019 年得分是 6.68 分，排名第 9 位，2020 年得分是 8.77 分，排名第 2 位。伊春市生态文明教育有下滑，2018 年得分是 6.37 分，排名是第 7 位，2019 年得分是 6.54 分，排名是第 7 位，2010 年得分是 5.34 分，排名是第 13 位。大兴安岭地区、齐齐哈尔市、大庆市、佳木斯市的生态文明教育水平有提升，绥化市和伊春市有下降。

第三节　生态文明教育改进措施

一、完善生态文明教育体制机制

生态文明教育是一项覆盖全省、涉及每个人的系统工程，它的有效实施需要黑龙江省顶层制度设计和保障运行的体制机制。目前黑龙江省生态文明教育在很大程度上还停留在宣传层面，尤其以媒体宣传教育为主。生态文明教育还没有被正式纳入国民教育体系，专门开设生态文明教育课程的学校较少，大多数学校仍停留在口头宣传教育阶段，且流于形式。从整体上看缺乏指导生态文明教育有效实施的整体规划,生态文明教育课程缺乏系统性和整体性。由于田黑龙江省小、初、高以阶段并没有形成一套系统的生态文明教育体系,生态文明教育并没有受到高度重视,而西方一些国家早已把生态教育列入学校必修课,成为学生必须完成的学业任务。建议各个地市加强生态文明课程建设,由易到难,使之连贯,形成一定的系统性和整体性。

二、提升生态文明教育师资力量专业性

黑龙江省从事生态文明教育的施教力量较为薄弱,并且各领域的师资队伍专业水平较低。由于全体社会成员均是生态文明教育对象,需要通过不同途径接受生态文明教育,这就需要大量师资队伍。而黑龙江省生态文明教育起步晚、发展不成熟也在一定程度上造成当前师资力量紧缺的现状。从学校教育来看,目前生态文明教育工作主要依靠物理、化学、生物、地理、自然等学科教师兼任,而生态文明教育专业教师仅能满足部分高等教育的农林、资源环境学院的教学需要。

三、贯彻生态素质教育,促进人的全面发展

要改变生态文明教育效果,还要改变学校对学生成绩的考核方式及教师的教学方式。一方面,对于生态文明课程的成绩考评,学校除了卷面成绩的检测,还可以通过社会实践活动、志愿活动等形式来进行考评,由以往的重智力教育逐步变为智力与行为能力并存。另一方面,学校要加强师资力量的培训,在提高教师们的专业知识和教学能力的同时,能促进教师对生态文明教育有一个更深刻、更清醒的认识,激发教师研究多种教学方式,改变以往"填鸭式"教学方法。此外,学校也要加强校园生态文化的建设,建设绿色校园,通过周围环境来影响学生,潜移默化,使学生处在良好的氛围之中。

四、强化生态文明实践,从小事做起

生态文明教育要做到课堂效应与社会实践并存,然而多数学生对参与社会实践存在一个严重误区,认为只有通过学校组织的各种社会实践活动,才能称得上是实践,忽略了日常生活中点点滴滴的小事。在生活中,他们只青睐于学校组织的植树活动、寒暑假社会实践等。学校组织的寒暑假实践活动存在很大的局限性,不仅组织次数和时间受限制,参与的人数也只是很少一部分。学校可对学生生态社团提供支持与帮助,社团是学生日常活动的重要载体,是学生锻炼自己、提升自己能力的一个有效平台,利用生态社团,不仅可以在校园内对生态文明观起到宣传作用,吸引更多的同学树立起生态文明观,还可以走出校园,在社会上进行生态文明观的宣传与普及。

第五章

各地市生态文明建设公众参与情况

生态兴则文明兴，建设生态文明是实现中华民族伟大复兴中国梦的重要内容，是中华民族永续发展的千年大计、根本大计。生态文明建设同每个公民息息相关，每个公民都应该做生态文明建设的重要参与者、贡献者和践行者。为充分掌握黑龙江省 2020 年生态文明建设公众参与情况，受新冠肺炎疫情的影响，课题组借助问卷星网络平台，发放调查问卷对黑龙江省各地市展开调研。本次调研覆盖黑龙江省 13 个地市，各地市收到有效调研问卷 100~200 份，调研对象性别、年龄、受教育程度分布比较均匀，职业覆盖较为全面。

第一节　公众参与二级指标评价办法及结果

一、公众参与情况二级指标单项分析

(一)二级指标单项分析统计方法

"生态文明建设公众参与情况"一级指标下设 5 个二级指标，即"居民生态文明相关知识了解情况""居民生态文明养成情况""居民对参与生态文明建设的态度""居民生态文明宣传教育参与度""居民环境保护与监督的参与度"。每个二级指标权数为 2，共计 10 分权数。

1. 居民生态文明相关知识了解情况

本部分包括第 9 题至第 12 题(第 1 题至第 8 题为调研对象的基本情况)，共4 个单选题。每道题占 0.5 分权数，共计 2 分权数。每题均为 5 个选项，按照程度由高到低依次降序排列。每道题选项的文字表述不尽相同，为便于统计，每道题选项 A 归纳为"很好"，选项 B 归纳为"好"，选项 C 归纳为"较好"，选项 D 归纳为"一般"，选项 E 归纳为"不好"。相应地，居民对生态文明相关知识了解

情况为"很好"的百分比=（第 9 题选 A 的百分比×0.5+第 10 题选 A 的百分比×0.5+第 11 题选 A 的百分比×0.5+第 12 题选 A 的百分比×0.5）÷2。依此方法，计算得出居民对生态文明相关知识了解情况为"好""较好""一般""不好"的百分比。

2. 居民生态文明养成情况

本部分包括第 13 题至第 16 题，共 4 个单选题。每道题占 0.5 分权数，共计 2 分权数。每题均为 5 个选项，按照程度由高到低依次降序排列。统计方法参见"1. 居民生态文明相关知识了解情况"。

3. 居民对参与生态文明建设的态度

本部分包括第 17 题至第 18 题，共 2 个单选题。每道题占 1 分权数，共计 2 分权数。每题均为 5 个选项，按照程度由高到低依次降序排列。每道题选项的文字表述不尽相同，为便于统计，每道题选项 A 归纳为"很好"，选项 B 归纳为"好"，选项 C 归纳为"较好"，选项 D 归纳为"一般"，选项 E 归纳为"不好"。相应地，居民对参与生态文明建设的态度为"很好"的百分比=（第 17 题选 A 的百分比×1+第 18 题选 A 的百分比×1）÷2。依此方法，计算得出居民对参与生态文明建设的态度为"好""较好""一般""不好"的百分比。

4. 居民生态文明宣传教育参与度

本部分包括第 19 题至第 20 题，共 4 个单选题。每道题占 0.5 分权数，共计 2 分权数。每题均为 5 个选项，按照程度由高到低依次降序排列。统计方法参见"3. 居民对参与生态文明建设的态度"。

5. 居民环境保护与监督的参与度

本部分包括第 21 题至第 24 题，共 4 个单选题。每道题占 0.5 分权数，共计 2 分权数。每题均为 5 个选项，按照程度由高到低依次降序排列。统计方法参见"1. 居民生态文明相关知识了解情况"。

（二）二级指标单项分析结果

1. 哈尔滨市生态文明建设公众参与情况二级指标单项分析结果

（1）哈尔滨市居民生态文明相关知识了解情况

哈尔滨市居民对生态文明相关知识了解情况为"好"及以上的占比超过 70%，了解情况为"较好"的占比 14.12%，完全不了解的占比 4.91%。具体情况如图 5-1 所示：

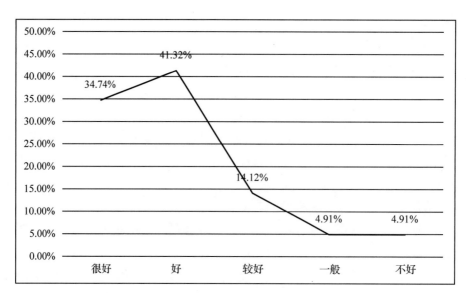

图 5-1　哈尔滨市居民生态文明相关知识了解情况

（2）哈尔滨市居民生态文明习惯养成情况

哈尔滨市居民生态文明习惯养成情况在"好"及以上的超过70%，"较好"的为21.32%，"不好"的只占2.63%。具体情况如图5-2所示：

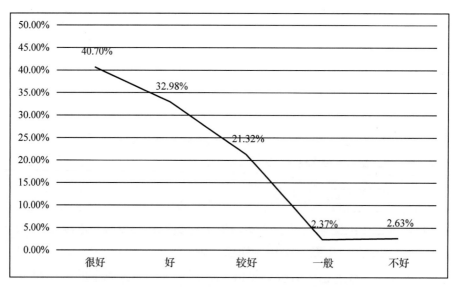

图 5-2　哈尔滨市居民生态文明习惯养成情况

（3）哈尔滨市居民对参与生态文明建设的态度

哈尔滨市居民对参与生态文明建设的态度在"好"及以上的超过80%，"较好"的仅为13.16%，"不好"的占3.51%。具体情况如图5-3所示：

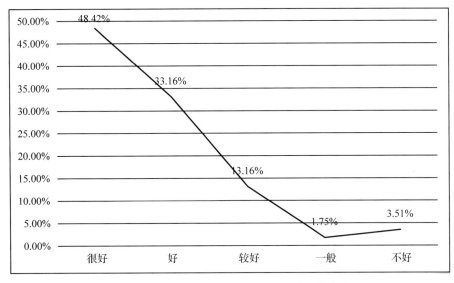

图 5-3　哈尔滨市居民参与生态文明建设的态度

（4）哈尔滨市居民生态文明宣传教育参与度

哈尔滨市居民生态文明宣传教育参与度在"好"及以上的近 40%，"较好"的为 25.79%，"不好"的占 17.36%。具体情况如图 5-4 所示：

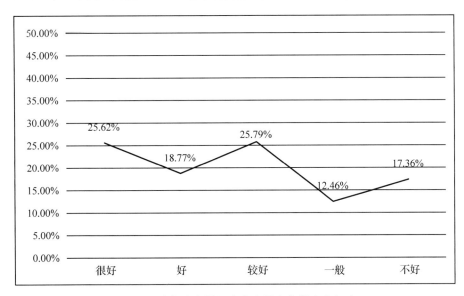

图 5-4　哈尔滨市居民生态文明宣传教育参与度

（5）哈尔滨市居民环境保护与监督的参与度

哈尔滨市居民环境保护与监督的参与度在"好"及以上的超过 60%，"较好"的占比 18.51%，"不好"的达到 8.69%。具体情况如图 5-5 所示：

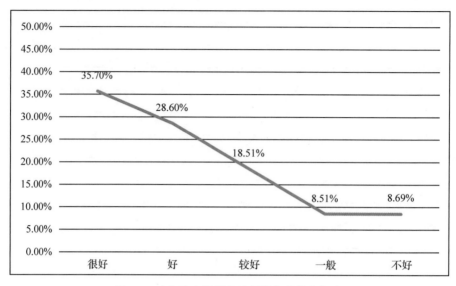

图 5-5　哈尔滨市居民环境保护与监督参与度

（二）齐齐哈尔市生态文明建设公众参与情况分析

1. 齐齐哈尔市居民生态文明相关知识了解情况

齐齐哈尔市居民对生态文明相关知识了解情况在"好"及以上的占比近80%，了解情况为"较好"的占比12.13%，完全不了解的占比2.21%。具体情况如图5-6所示：

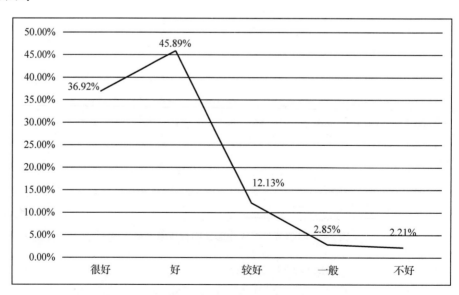

图 5-6　齐齐哈尔市居民生态文明相关知识了解情况

2. 齐齐哈尔市居民生态文明习惯养成情况

齐齐哈尔市居民生态文明习惯养成情况在"好"及以上的超过 70%，"较好"的为 20.36%，"不好"的只占 1.37%。具体情况如图 5-7 所示：

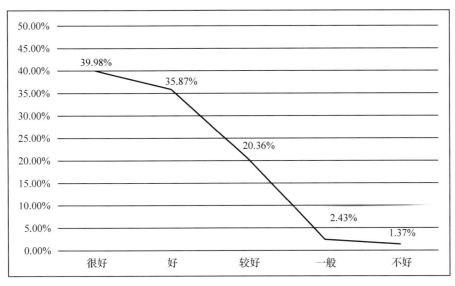

图 5-7　齐齐哈尔市居民生态文明习惯养成情况

3. 齐齐哈尔市居民对参与生态文明建设的态度

齐齐哈尔市居民对参与生态文明建设的态度在"好"及以上的超过 80%，"较好"的占比 12.66%，"不好"的占比 0.42%。具体情况如图 5-8 所示：

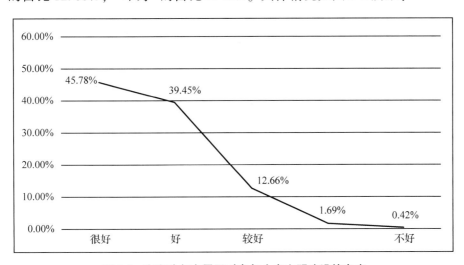

图 5-8　齐齐哈尔市居民对参与生态文明建设的态度

4. 齐齐哈尔市居民生态文明宣传教育参与度

齐齐哈尔市居民生态文明宣传教育参与度在"好"及以上的近 50%，"较好"

的占比 30.17%，"不好"的占比 9.07%。具体情况如图 5-9 所示：

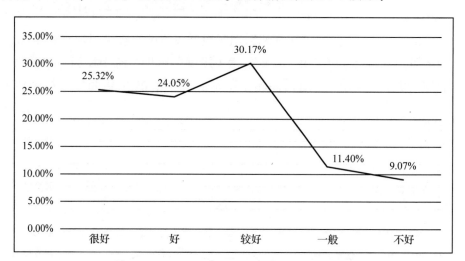

图 5-9　齐齐哈尔市居民生态文明宣传教育参与度

5. 齐齐哈尔市居民环境保护与监督的参与度

齐齐哈尔市居民环境保护与监督的参与度在"好"及以上的超过 60%，"较好"的占比 19.31%，"不好"的达到 4.75%。具体情况如图 5-10 所示：

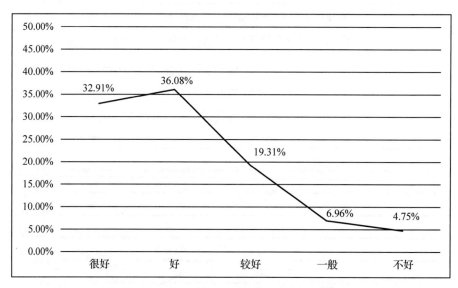

图 5-10　齐齐哈尔市居民环境保护与监督的参与度

(三)牡丹江市生态文明建设公众参与情况分析

1. 牡丹江市居民生态文明相关知识了解情况

牡丹江市居民对生态文明相关知识了解情况在"好"及以上的占比超过 70%，

了解情况为"较好"的占比 13.79%，完全不了解的占比 3.50%。具体情况如图 5-11 所示：

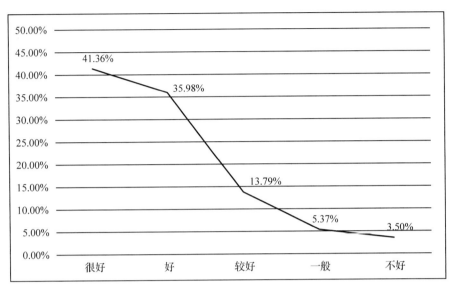

图 5-11　牡丹江市居民生态文明相关知识了解情况

2. 牡丹江市居民生态文明习惯养成情况

牡丹江市居民生态文明习惯养成情况在"好"及以上的超过 60%，"较好"的占比 23.37%，"不好"的占比 1.63%。具体情况如图 5-12 所示：

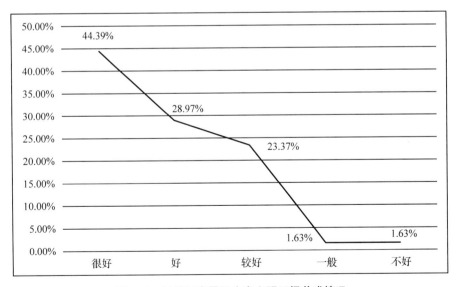

图 5-12　牡丹江市居民生态文明习惯养成情况

3. 牡丹江市居民对参与生态文明建设的态度

牡丹江市居民对参与生态文明建设的态度在"好"及以上的近 90%，"较好"

的为 9.82%，"不好"的为 0。具体情况如图 5-13 所示：

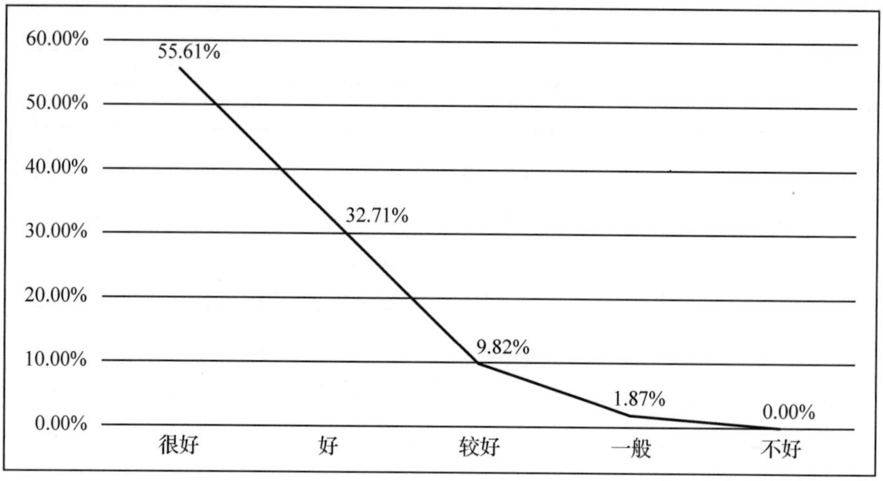

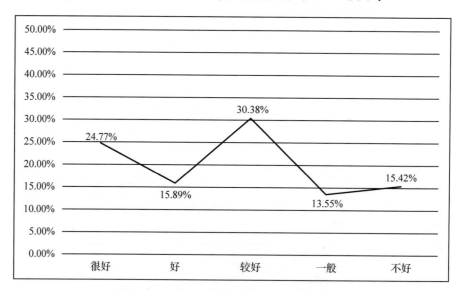

图 5-13　牡丹江市居民对参与生态文明建设的态度

4. 牡丹江市居民生态文明宣传教育参与度

牡丹江市居民生态文明宣传教育参与度在"好"及以上的超过 40%，"较好"的为 30.38%，"不好"的占比 15.42%。具体情况如图 5-14 所示：

图 5-14　牡丹江市居民生态文明宣传教育参与度

5. 牡丹江市居民环境保护与监督的参与度

牡丹江市居民环境保护与监督的参与度在"好"及以上的超过 60%，"较好"的占比 21.03%，"不好"的达到 7.71%。具体情况如图 5-15 所示：

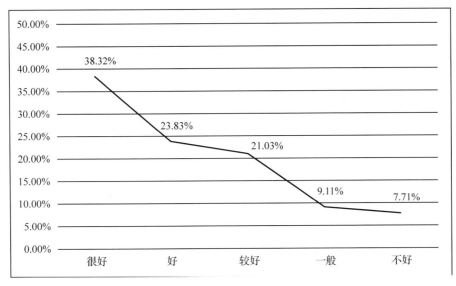

图 5-15　牡丹江市居民环境保护与监督的参与度

(四)佳木斯市生态文明建设公众参与情况分析

1. 佳木斯市居民生态文明相关知识了解情况

牡丹江市居民对生态文明相关知识了解情况在"好"及以上的占比超过 70%，了解情况为"较好"的占比 19.23%，完全不了解的占比 4.33%。具体情况如图 5-16 所示：

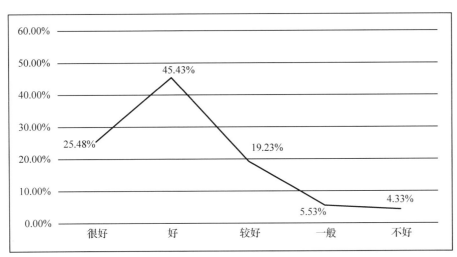

图 5-16　佳木斯市居民生态文明相关知识了解情况

2. 佳木斯市居民生态文明习惯养成情况

佳木斯市居民生态文明习惯养成情况在"好"及以上的超过 60%，"较好"的占比 27.64%，"不好"的占比 6.49%。具体情况如图 5-17 所示：

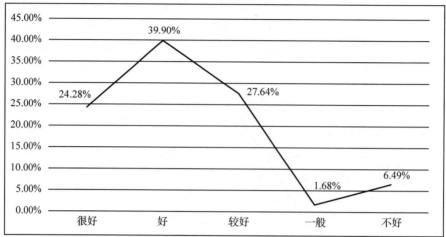

图 5-17　佳木斯市居民生态文明习惯养成情况

3. 佳木斯市居民对参与生态文明建设的态度

佳木斯市居民对参与生态文明建设的态度在"好"及以上的近 90%，"较好"的为 11.54%，"不好"的只占 0.48%。具体情况如图 5-18 所示：

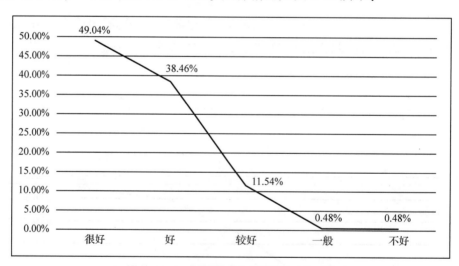

图 5-18　佳木斯市居民对生态文明建设的态度

4. 佳木斯市居民生态文明宣传教育参与度

佳木斯市居民生态文明宣传教育参与度在"好"及以上的占比近 30%，"较好"的为 24.04%，"不好"的占比 31.25%。具体情况如图 5-19 所示：

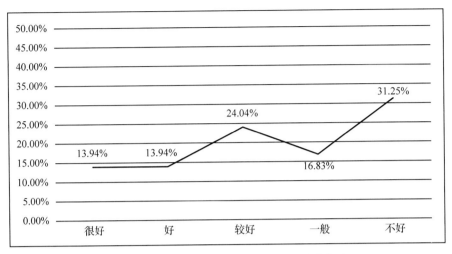

图 5-19　佳木斯市居民生态文明宣传教育参与度

5. 佳木斯市居民环境保护与监督的参与度

佳木斯市居民环境保护与监督的参与度在"好"及以上的超过60%，"较好"的占比15.63%，"不好"的占比12.98%。具体情况如图5-20所示：

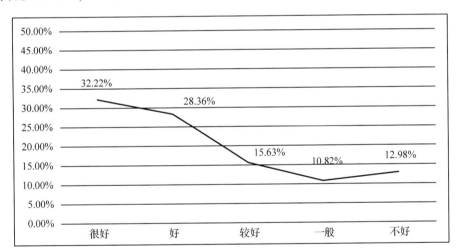

图 5-20　佳木斯市居民环境保护与监督参与度

(五)七台河市生态文明建设公众参与情况分析

1. 七台河市居民生态文明相关知识了解情况

七台河市居民对生态文明相关知识了解情况在"好"及以上的近60%，了解情况为"较好"的占比24.52%，完全不了解的占比10.10%。具体情况如图5-21所示：

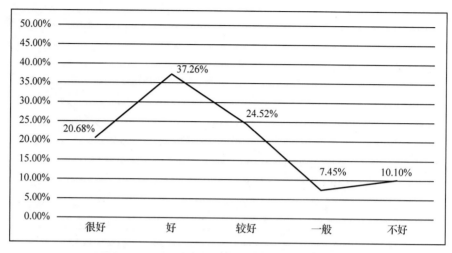

图 5-21　七台河市居民生态文明相关知识了解情况

2. 七台河市居民生态文明习惯养成情况

七台河市居民生态文明习惯养成情况在"好"及以上的近 70%，"较好"的为 26.44%，"不好"的只占 3.85%。具体情况如图 5-22 所示：

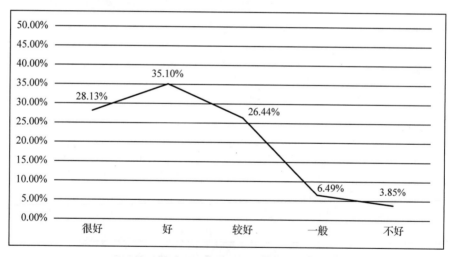

图 5-22　七台河市居民生态文明习惯养成情况

3. 七台河市居民对参与生态文明建设的态度

七台河市居民对参与生态文明建设的态度在"好"及以上的超过 70%，"较好"的为 23.08%，"不好"的只占 1.44%。具体情况如图 5-23 所示：

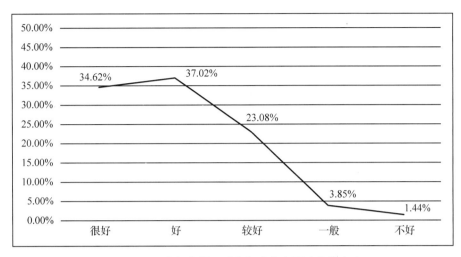

图 5-23　七台河市居民对参与生态文明建设的态度

4. 七台河市居民生态文明宣传教育参与度

七台河市居民生态文明宣传教育参与度在"好"及以上的接近30%，"较好"的为26.92%，"不好"的占28.85%。具体情况如图5-24所示：

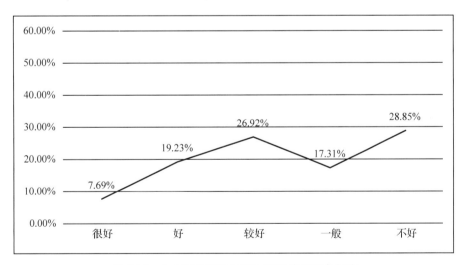

图 5-24　七台河市居民生态文明宣传教育参与度

5. 七台河市居民环境保护与监督的参与度

七台河市居民环境保护与监督的参与度在"好"及以上的超过50%，"较好"的占比19.71%，"不好"的达到12.98%。具体情况如图5-25所示：

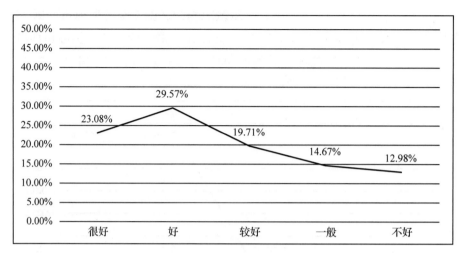

图 5-25　七台河市居民环境保护与监督的参与度

（六）大庆市生态文明建设公众参与情况分析

1. 大庆市居民生态文明相关知识了解情况

大庆市居民对生态文明相关知识了解情况在"好"及以上的占比超过 30%，了解情况为"较好"的占比 29.28%，完全不了解的占比 12.34%。具体情况如图 5-26 所示：

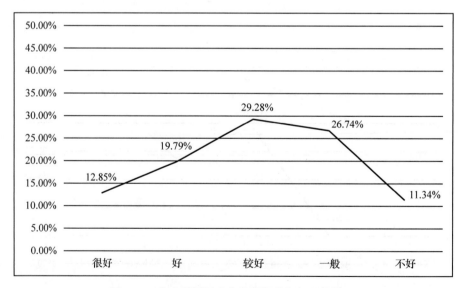

图 5-26　大庆市居民生态文明相关知识了解情况

2. 大庆市居民生态文明习惯养成情况

大庆市居民生态文明习惯养成情况在"好"及以上的接近 40%，"较好"的为

29.98%，"不好"的占8.22%。具体情况如图5-27所示：

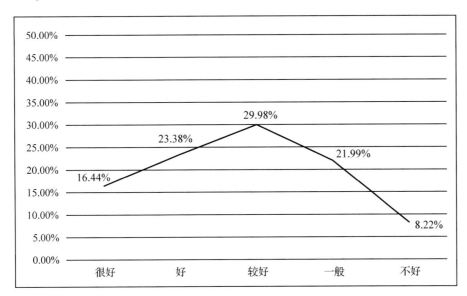

图 5-27　大庆市居民生态文明习惯养成情况

3. 大庆市居民对参与生态文明建设的态度

大庆市居民对参与生态文明建设的态度在"好"及以上的近50.00%，"较好"的占比25.24%，"不好"的仅为10.42%。具体情况如图5-28所示：

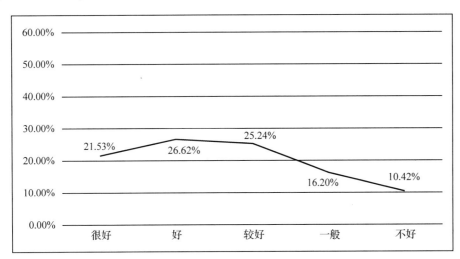

图 5-28　大庆市居民对参与生态文明建设的态度

4. 大庆市居民生态文明宣传教育参与度

大庆市居民生态文明宣传教育参与度在"好"及以上的近50%，"较好"的占比26.16%，"不好"的达到9.95%。具体情况如图5-29所示：

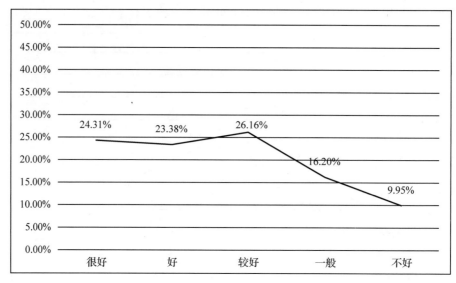

图 5-29　大庆市居民生态文明宣传教育参与度

5. 大庆市居民环境保护与监督的参与度

大庆市居民环境保护与监督的参与度在"好"及以上的超过 40%，"较好"的占比 27.43%，"不好"的达到 9.15%。具体情况如图 5-30 所示：

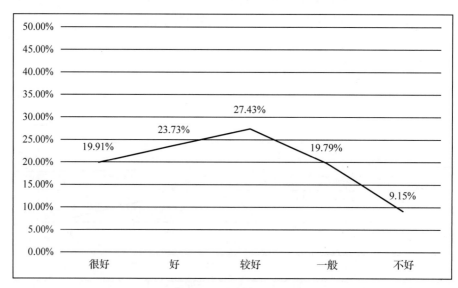

图 5-30　大庆市居民环境保护与监督的参与度

(七)黑河市生态文明建设公众参与情况分析

1. 黑河市居民生态文明相关知识了解情况

黑河市居民对生态文明相关知识了解情况在"好"及以上的超过 40%，了解情况为"较好"的占比 22.75%, 完全不了解的占比 19.38%。具体情况如图 5-31 所示：

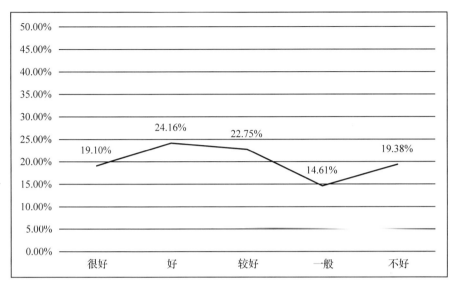

图 5-31 黑河市居民生态文明相关知识了解情况

2. 黑河市居民生态文明习惯养成情况

黑河市居民生态文明习惯养成情况在"好"及以上的不到 50%, "较好"的为 17.13%, "不好"的占 18.54%。具体情况如图 5-32 所示：

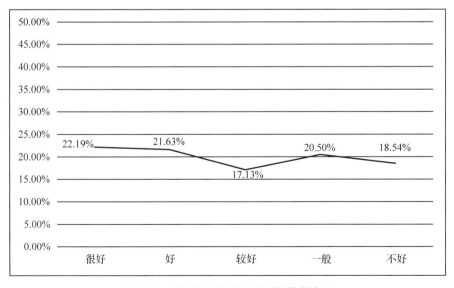

图 5-32 黑河市民生态文明习惯养成情况

3. 黑河市居民对参与生态文明建设的态度

黑河市居民对参与生态文明建设的态度在"好"及以上的超过40%，"较好"的为18.54%，"不好"的占19.10%。具体情况如图5-33所示：

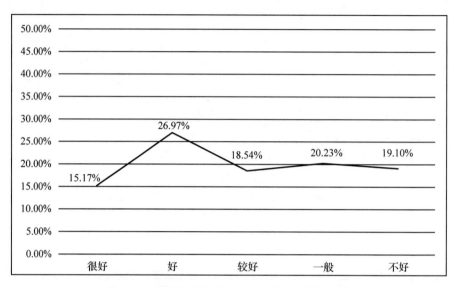

图5-33 黑河市居民对参与生态文明建设的态度

4. 黑河市居民生态文明宣传教育参与度

黑河市居民生态文明宣传教育参与度在"好"及以上的超过40%，"较好"的为17.98%，"不好"的占17.42%。具体情况如图5-34所示：

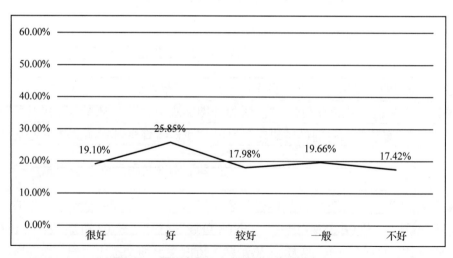

图5-34 黑河市居民生态文明宣传教育参与度

5. 黑河市居民环境保护与监督的参与度

黑河市居民环境保护与监督的参与度在"好"及以上的超40%，"较好"的占比 20. 79%，"不好"的达到 18. 26%。具体情况如图 5-35 所示：

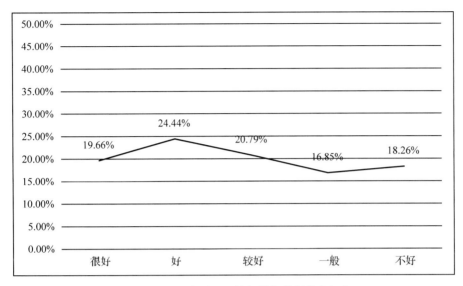

图 5-35 黑河市居民环境保护与监督的参与度

(八)绥化市生态文明建设公众参与情况分析

1. 绥化市居民生态文明相关知识了解情况

绥化市居民对生态文明相关知识了解情况在"好"及以上的占比超过 70%，了解情况为"较好"的占比 14. 05%，完全不了解的占比 4. 55%。具体情况如图 5-36 所示：

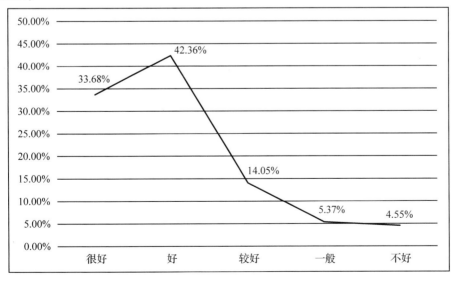

图 5-36 绥化市居民生态文明相关知识了解情况

2. 绥化市居民生态文明习惯养成情况

绥化市居民生态文明习惯养成情况在"好"及以上的超过70%,"较好"的为20.25%,"不好"的占4.34%。具体情况如图5-37所示:

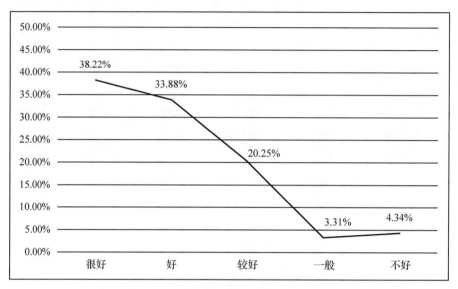

图 5-37 绥化市居民生态文明习惯养成情况

3. 绥化市居民对参与生态文明建设的态度

绥化市居民对参与生态文明建设的态度在"好"及以上的超过85%,"较好"的为10.75%,"不好"的占2.07%。具体情况如图5-38所示:

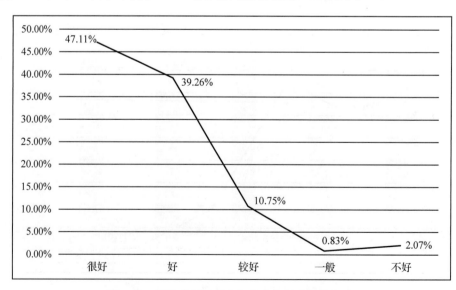

图 5-38 绥化市居民对参与生态文明建设的态度

4. 绥化市居民生态文明宣传教育参与度

绥化市居民生态文明宣传教育参与度在"好"及以上的超过40%，"较好"的为28.51%，"不好"的占21.08%。具体情况如图5-39所示：

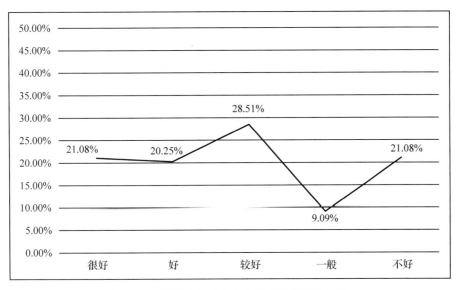

图5-39　绥化市居民生态文明宣传教育参与度

5. 绥化市居民环境保护与监督的参与度

绥化市居民环境保护与监督的参与度在"好"及以上的超过60%，"较好"的占比15.70%，"不好"的达到11.37%。具体情况如图5-40所示：

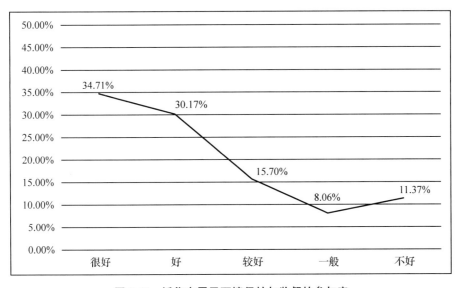

图5-40　绥化市居民环境保护与监督的参与度

(九)伊春市生态文明建设公众参与情况分析

1. 伊春市居民生态文明相关知识了解情况

伊春市居民对生态文明相关知识了解情况在"好"及以上的占比近 50%，了解情况为"较好"的占比 20.18%，完全不了解的占比 14.48%。具体情况如图 5-41 所示：

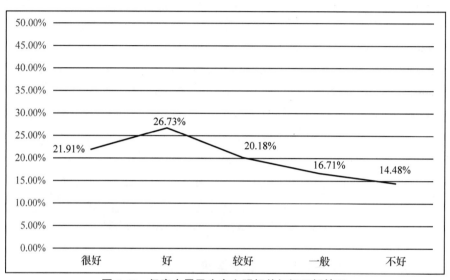

图 5-41 伊春市居民生态文明相关知识了解情况

2. 伊春市居民生态文明习惯养成情况

伊春市居民生态文明习惯养成情况在"好"及以上的近 50%，"较好"的为 23.64%，"不好"的占 12.00%。具体情况如图 5-42 所示：

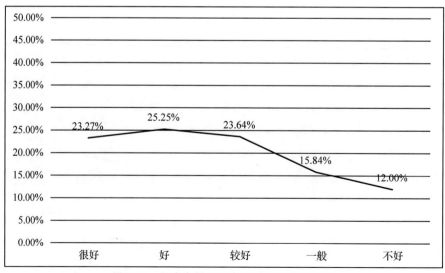

图 5-42 伊春市居民生态文明习惯养成情况

3. 伊春市居民对参与生态文明建设的态度

伊春市居民对参与生态文明建设的态度在"好"及以上的占比超过 50%，"较好"的仅为 23.52%，"不好"的占比 11.88 %。具体情况如图 5-43 所示：

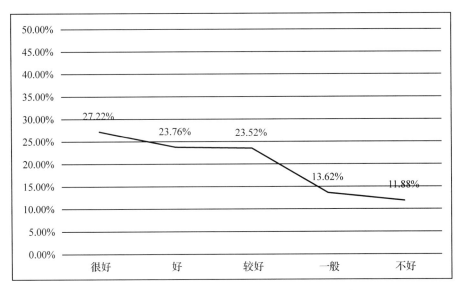

图 5-43 伊春市居民对参与生态文明建设的态度

4. 伊春市居民生态文明宣传教育参与度

伊春市居民生态文明宣传教育参与度在"好"及以上的占比超过 30%，"较好"的仅为 22.27%，"不好"的占比 27.23 %。具体情况如图 5-44 所示：

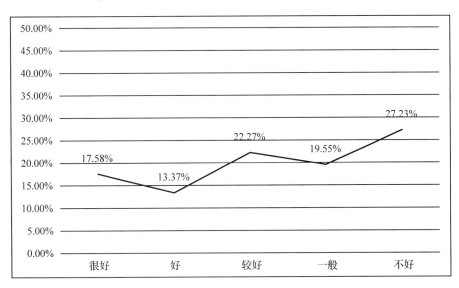

图 5-44 伊春市居民生态文明宣传教育参与度

5. 伊春市居民环境保护与监督的参与度

伊春市居民环境保护与监督的参与度在"好"及以上的近 50%，"较好"的占比 19.30%，"不好"的占比 19.19%。具体情况如图 5-45 所示：

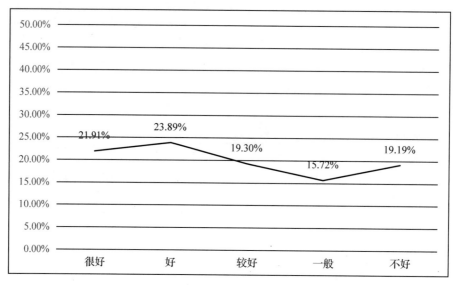

图 5-45　伊春市居民环境保护与监督的参与度

（十）鹤岗市生态文明建设公众参与情况分析

1. 鹤岗市居民生态文明相关知识了解情况

鹤岗市居民对生态文明相关知识了解情况在"好"及以上的占比近 70%，了解情况为"较好"的占比 18.30%，完全不了解的占比 4.12%。具体情况如图 5-46 所示：

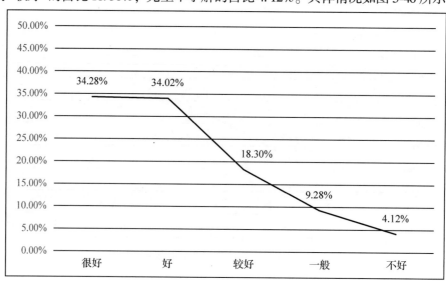

图 5-46　鹤岗市居民生态文明相关知识了解情况

2. 鹤岗市居民生态文明习惯养成情况

鹤岗市居民生态文明习惯养成情况在"好"及以上的近70%,"较好"的为26.29%,"不好"的只占2.58%。具体情况如图5-47所示:

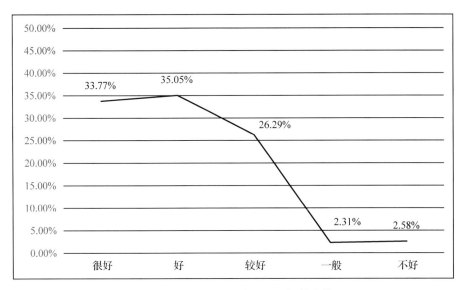

图 5-47 鹤岗市居民生态文明习惯养成情况

3. 鹤岗市居民对参与生态文明建设的态度

鹤岗市居民对参与生态文明建设的态度在"好"及以上的近90%,"较好"的仅为10.82%。具体情况如图5-48所示:

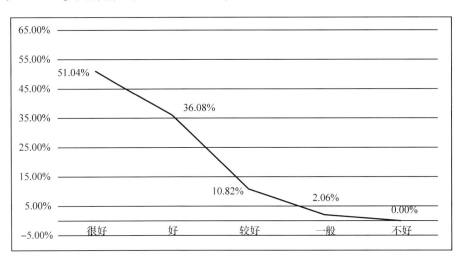

图 5-48 鹤岗市居民对参与生态文明建设的态度

4. 鹤岗市居民生态文明宣传教育参与度

鹤岗市居民生态文明宣传教育参与度在"好"及以上的近30%，"较好"的为38.14%，"不好"的占24.22%。具体情况如图5-49所示：

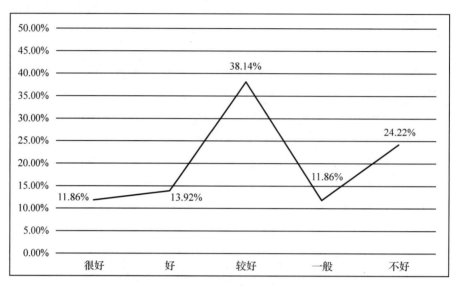

图5-49 鹤岗市居民生态文明宣传教育参与度

5. 鹤岗市居民环境保护与监督的参与度

鹤岗市居民环境保护与监督的参与度在"好"及以上的超过60%，"较好"的占比21.39%，"不好"的达到7.99%。具体情况如图5-50所示：

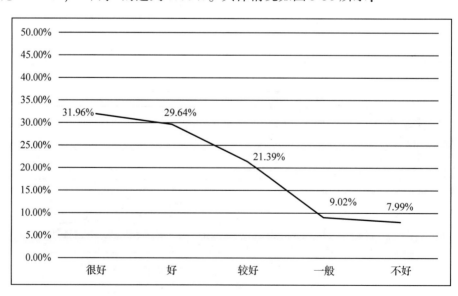

图5-50 鹤岗市居民环境保护与监督的参与度

(十一)双鸭山市生态文明建设公众参与情况分析

1. 双鸭山市居民生态文明相关知识了解情况

双鸭山市居民对生态文明相关知识了解情况在"好"及以上的占比近70%，了解情况为"较好"的占比18.59%，完全不了解的占比6.96%。具体情况如图5-51所示：

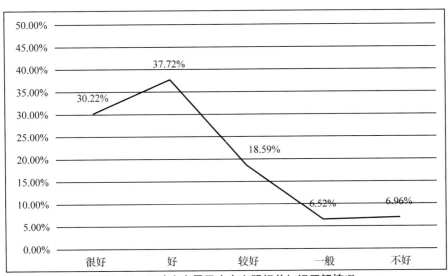

图 5-51　双鸭山市居民生态文明相关知识了解情况

2. 双鸭山市居民生态文明习惯养成情况

双鸭山市居民生态文明习惯养成情况在"好"及以上的超过70%，"较好"的为21.96%，"不好"的占2.82%。具体情况如图5-52所示：

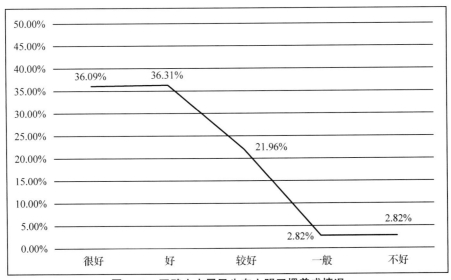

图 5-52　双鸭山市居民生态文明习惯养成情况

3. 双鸭山市居民对参与生态文明建设的态度

双鸭山市居民对参与生态文明建设的态度在"好"及以上的占比超过85%，"较好"的占比11.96%，"不好"的只占0.65%。具体情况如图5-53所示：

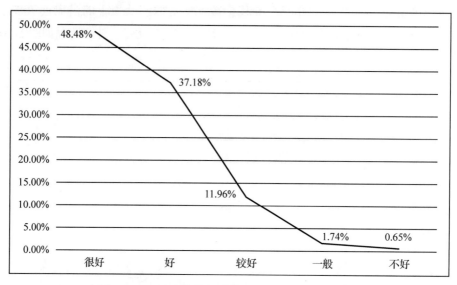

图5-53　双鸭山市居民对参与生态文明建设的态度

4. 双鸭山市居民生态文明宣传教育参与度

双鸭山市居民生态文明宣传教育参与度在"好"及以上的占比近30%，"较好"的占比31.74%，"不好"的占比27.17%。具体情况如图5-54所示：

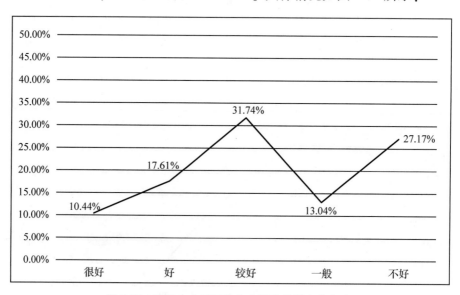

图5-54　双鸭山市居民生态文明宣传教育参与度

5. 双鸭山市居民环境保护与监督的参与度

双鸭山市居民环境保护与监督的参与度在"好"及以上的超过60%，"较好"的占比18.15%，"不好"的达到9.78%。具体情况如图5-55所示：

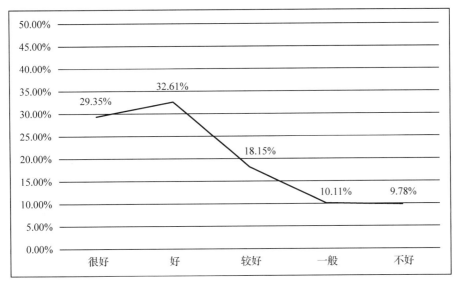

图5-55 双鸭山市居民环境保护与监督的参与度

(十二)鸡西市生态文明建设公众参与情况分析

1. 鸡西市居民生态文明相关知识了解情况

鸡西市居民对生态文明相关知识了解情况在"好"及以上的占比超过70%，了解情况为"较好"的占比27.72%，完全不了解的只占1.24%。具体情况如图5-56所示：

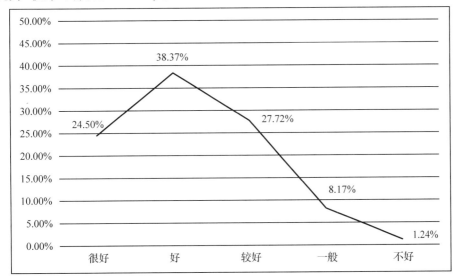

图5-56 鸡西市居民生态文明相关知识了解情况

2. 鸡西市居民生态文明习惯养成情况

鸡西市居民生态文明习惯养成情况在"好"及以上的超过80%,"较好"的占比13.85%,"不好"的占比0.62%。具体情况如图5-57所示:

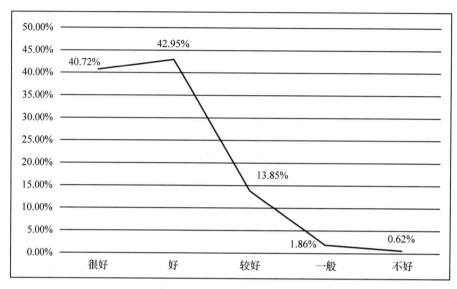

图5-57　鸡西市居民生态文明习惯养成情况

3. 鸡西市居民对参与生态文明建设的态度

鸡西市居民对参与生态文明建设的态度在"好"及以上的超过60%,"较好"的为29.45%,"不好"的只占0.50%。具体情况如图5-58所示:

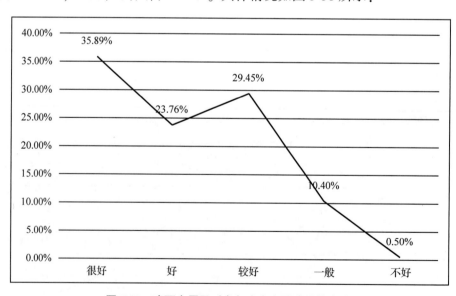

图5-58　鸡西市居民对参与生态文明建设的态度

4. 鸡西市居民生态文明宣传教育参与度

鸡西市居民生态文明宣传教育参与度在"好"及以上的占比超过 20%，"较好"的为 27.72%，一般的占比 45.05%，"不好"的占比 6.19%。具体情况如图 5-59 所示：

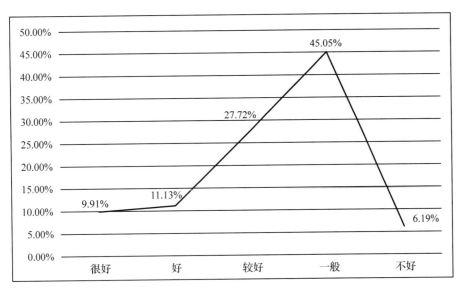

图 5-59 鸡西市居民生态文明宣传教育参与度

5. 鸡西市居民环境保护与监督的参与度

鸡西市居民环境保护与监督的参与度在"好"及以上的超过 50%，"较好"的占比 19.43%，"不好"的达到 2.60%。具体情况如图 5-60 所示：

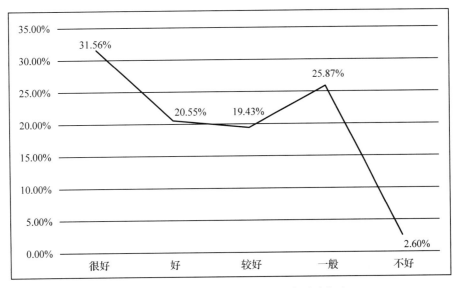

图 5-60 鸡西市居民环境保护与监督的参与度

(十三)大兴安岭地区生态文明建设公众参与情况分析

1. 大兴安岭地区居民生态文明相关知识了解情况

大兴安岭地区居民对生态文明相关知识了解情况在"好"及以上的占比近80%，了解情况为"较好"的占比11.57%，完全不了解的占比4.55%。具体情况如图5-61所示：

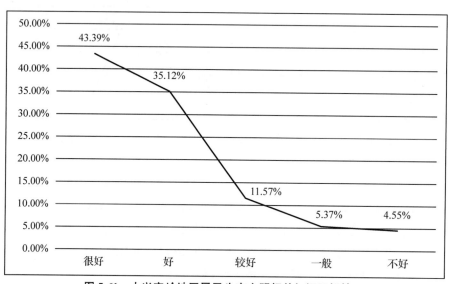

图5-61 大兴安岭地区居民生态文明相关知识了解情况

2. 大兴安岭地区居民生态文明习惯养成情况

大兴安岭地区居民生态文明习惯养成情况在"好"及以上的占比超过80%，"较好"的占比14.46%，"不好"的只占1.86%。具体情况如图5-62所示：

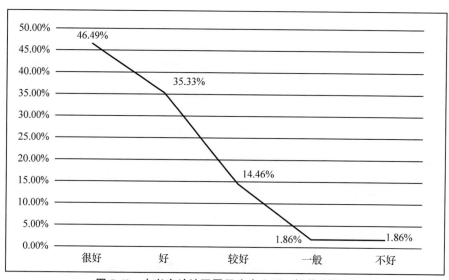

图5-62 大兴安岭地区居民生态文明习惯养成情况

3. 大兴安岭地区居民对参与生态文明建设的态度

大兴安岭地区居民对参与生态文明建设的态度在"好"及以上的超过90%，"较好"的为4.55%，"不好"的为0.82%。具体情况如图5-63所示：

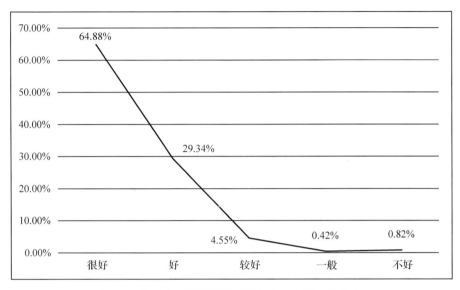

图 5-63 大兴安岭地区居民对参与生态文明建设的态度

4. 大兴安岭地区居民生态文明宣传教育参与度

大兴安岭地区居民生态文明宣传教育参与度在"好"及以上的超过30%，"较好"的为26.45%，"不好"的为23.14%。具体情况如图5-64所示：

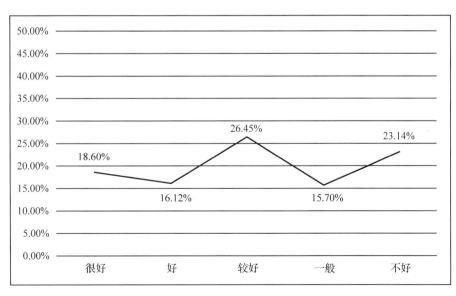

图 5-64 大兴安岭地区居民生态文明宣传教育参与度

5. 大兴安岭地区居民环境保护与监督的参与度

大兴安岭地区居民环境保护与监督的参与度在"好"及以上的超过70%，"较好"的占比13.43%，"不好"的为6.41%。具体情况如图5-65所示：

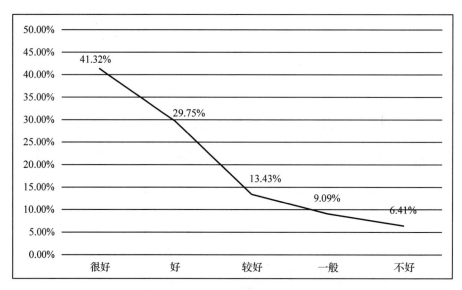

图5-65 大兴安岭地区居民环境保护与监督的参与度

第二节 公众参与二级指标总体分析

一、二级指标总体分析统计方法

"生态文明建设公众参与情况"一级指标下设5个二级指标，即"居民生态文明相关知识了解情况""居民生态文明养成情况""居民对参与生态文明建设的态度""居民生态文明宣传教育参与度""居民环境保护与监督的参与度"。

(一)居民生态文明相关知识了解情况

在单项分析结果的基础上，对五个等级选项进行赋值，即，将"很好"赋值100分，"好"赋值80分，"较好"赋值60分，"一般"赋值30分，"不好"赋值0分。相应地，居民生态文明相关知识了解情况=(选项"很好"的百分比×100+选项"好"的百分比×80+选项"较好"的百分比×60+选项"一般"的百分比×30+选项"不好"的百分比×0)。

(二)居民生态文明养成情况

在单项分析结果的基础上，对五个等级选项进行赋值，即，将"很好"赋值100分，"好"赋值80分，"较好"赋值60分，"一般"赋值30分，"不好"赋值0分。相应地，居民生态文明养成情况=（选项"很好"的百分比×100+选项"好"的百分比×80+选项"较好"的百分比×60+选项"一般"的百分比×30+选项"不好"的百分比×0）。

(三)居民对参与生态文明建设的态度

在单项分析结果的基础上，对五个等级选项进行赋值，即将"很好"赋值100分，"好"赋值80分，"较好"赋值60分，"一般"赋值30分，"不好"赋值0分。相应地，居民对生态文明建设的态度=（选项"很好"的百分比×100+选项"好"的百分比×80+选项"较好"的百分比×60+选项"一般"的百分比×30+选项"不好"的百分比×0）。

(四)居民生态文明宣传教育参与度

在单项分析结果的基础上，对五个等级选项进行赋值，即将"很好"赋值100分，"好"赋值80分，"较好"赋值60分，"一般"赋值30分，"不好"赋值0分。相应地，居民生态文明宣传教育参与度=（选项"很好"的百分比×100+选项"好"的百分比×80+选项"较好"的百分比×60+选项"一般"的百分比×30+选项"不好"的百分比×0）。

(五)居民环境保护与监督的参与度

在单项分析结果的基础上，对五个等级选项进行赋值，即将"很好"赋值100分，"好"赋值80分，"较好"赋值60分，"一般"赋值30分，"不好"赋值0分。相应地，居民环境保护与监督的参与度=（选项"很好"的百分比×100+选项"好"的百分比×80+选项"较好"的百分比×60+选项"一般"的百分比×30+选项"不好"的百分比×0）。

二、二级指标总体分析结果

（一）哈尔滨市生态文明建设公众参与情况二级指标总体分析结果

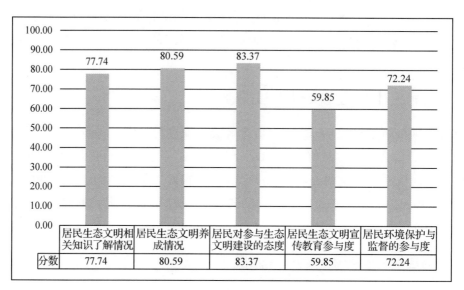

	居民生态文明相关知识了解情况	居民生态文明养成情况	居民对参与生态文明建设的态度	居民生态文明宣传教育参与度	居民环境保护与监督的参与度
分数	77.74	80.59	83.37	59.85	72.24

图 5-66　哈尔滨市生态文明建设公众参与情况

（二）齐齐哈尔市生态文明建设公众参与情况二级指标总体分析结果

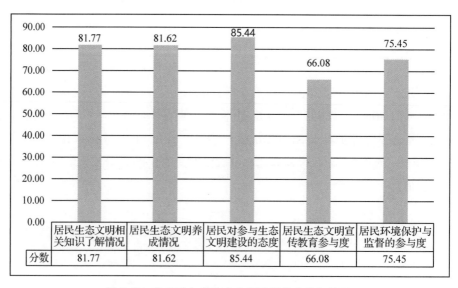

	居民生态文明相关知识了解情况	居民生态文明养成情况	居民对参与生态文明建设的态度	居民生态文明宣传教育参与度	居民环境保护与监督的参与度
分数	81.77	81.62	85.44	66.08	75.45

图 5-67　齐齐哈尔市生态文明建设公众参与情况

(三)牡丹江市生态文明建设公众参与情况二级指标总体分析结果

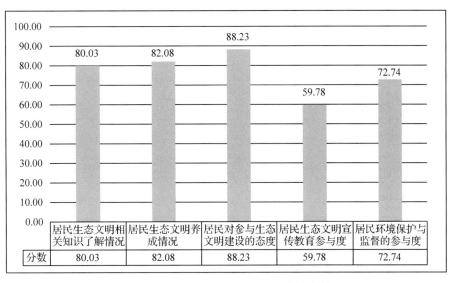

	居民生态文明相关知识了解情况	居民生态文明养成情况	居民对参与生态文明建设的态度	居民生态文明宣传教育参与度	居民环境保护与监督的参与度
分数	80.03	82.08	88.23	59.78	72.74

图 5-68 牡丹江市生态文明建设公众参与情况

(四)佳木斯市生态文明建设公众参与情况二级指标总体分析结果

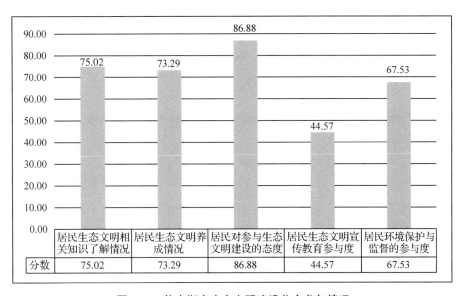

	居民生态文明相关知识了解情况	居民生态文明养成情况	居民对参与生态文明建设的态度	居民生态文明宣传教育参与度	居民环境保护与监督的参与度
分数	75.02	73.29	86.88	44.57	67.53

图 5-69 佳木斯市生态文明建设公众参与情况

（五）七台河市生态文明建设公众参与情况二级指标总体分析结果

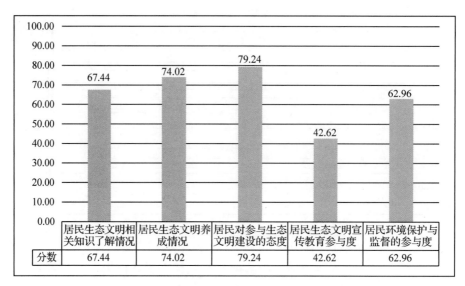

图 5-70　七台河市生态文明建设公众参与情况

（六）大庆市生态文明建设公众参与情况二级指标总体分析结果

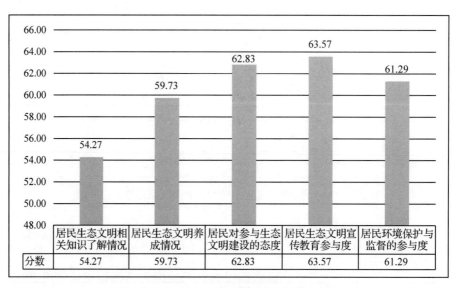

图 5-71　大庆市生态文明建设公众参与情况

(七)黑河市生态文明建设公众参与情况二级指标总体分析结果

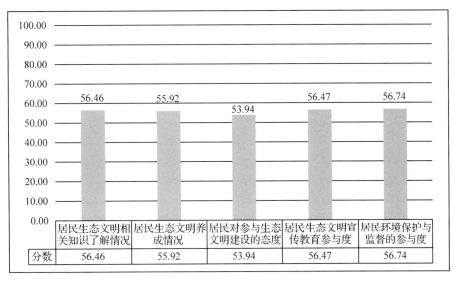

	居民生态文明相关知识了解情况	居民生态文明养成情况	居民对参与生态文明建设的态度	居民生态文明宣传教育参与度	居民环境保护与监督的参与度
分数	56.46	55.92	53.94	56.47	56.74

图 5-72　黑河市生态文明建设公众参与情况

(八)绥化市生态文明建设公众参与情况二级指标总体分析结果

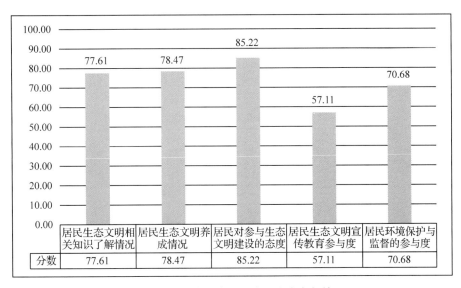

	居民生态文明相关知识了解情况	居民生态文明养成情况	居民对参与生态文明建设的态度	居民生态文明宣传教育参与度	居民环境保护与监督的参与度
分数	77.61	78.47	85.22	57.11	70.68

图 5-73　绥化市生态文明建设公众参与情况

（九）伊春市生态文明建设公众参与情况二级指标总体分析结果

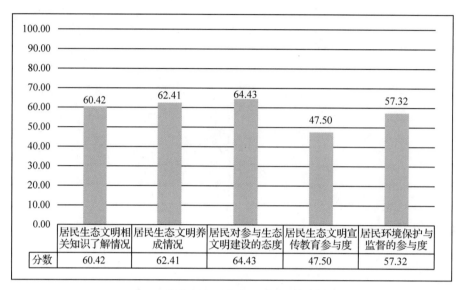

	居民生态文明相关知识了解情况	居民生态文明养成情况	居民对参与生态文明建设的态度	居民生态文明宣传教育参与度	居民环境保护与监督的参与度
分数	60.42	62.41	64.43	47.50	57.32

图 5-74　伊春市生态文明建设公众参与情况

（十）鹤岗市生态文明建设公众参与情况二级指标总体分析结果

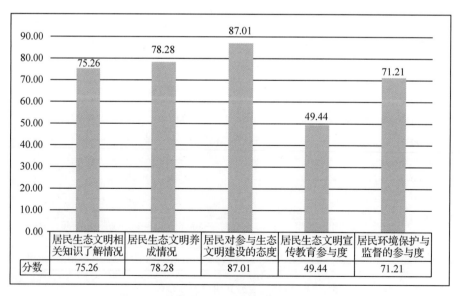

	居民生态文明相关知识了解情况	居民生态文明养成情况	居民对参与生态文明建设的态度	居民生态文明宣传教育参与度	居民环境保护与监督的参与度
分数	75.26	78.28	87.01	49.44	71.21

图 5-75　鹤岗市生态文明建设公众参与情况

（十一）双鸭山市生态文明建设公众参与情况二级指标总体分析结果

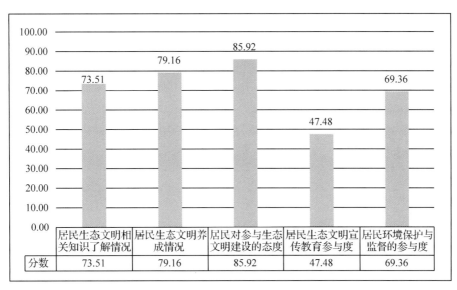

	居民生态文明相关知识了解情况	居民生态文明养成情况	居民对参与生态文明建设的态度	居民生态文明宣传教育参与度	居民环境保护与监督的参与度
分数	73.51	79.16	85.92	47.48	69.36

图 5-76　双鸭山市生态文明建设公众参与情况

（十二）鸡西市生态文明建设公众参与情况二级指标总体分析结果

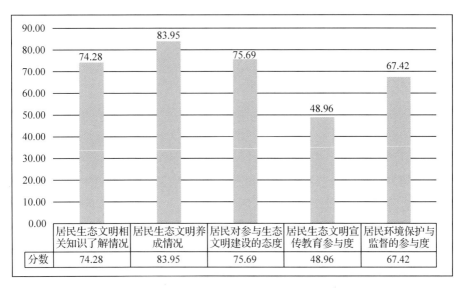

	居民生态文明相关知识了解情况	居民生态文明养成情况	居民对参与生态文明建设的态度	居民生态文明宣传教育参与度	居民环境保护与监督的参与度
分数	74.28	83.95	75.69	48.96	67.42

图 5-77　鸡西市生态文明建设公众参与情况

（十三）大兴安岭地区生态文明建设公众参与情况二级指标总体分析结果

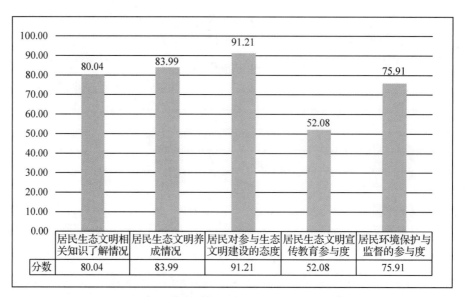

图 5-78 大兴安岭地区生态文明建设公众参与情况

第三节 公众参与二级指标对比分析

一、对比分析统计方法

基于总体分析的基础上，每个二级指标，13 个地市由高到低依次排序，排名第一赋值 13 分、排名第二赋值 12 分、排名第三赋值 11 分、排名第四赋值 10 分、排名第五赋值 9 分、排名第六赋值 8 分、排名第七赋值 7 分、排名第八赋值 6 分、排名第九赋值 5 分、排名第十赋值 4 分、排名第十一赋值 3 分、排名第十二赋值 2 分、排名第十三赋值 1 分。每个地市 5 个二级指标得分加和，计算出该地市生态文明建设公众参与情况的总分。最后，按照得分高低情况，计算出各地市的排名顺序。

二、二级指标对比分析

（一）各地市居民生态文明相关知识了解情况对比分析

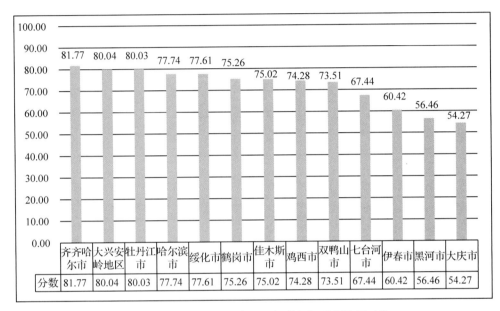

	齐齐哈尔市	大兴安岭地区	牡丹江市	哈尔滨市	绥化市	鹤岗市	佳木斯市	鸡西市	双鸭山市	七台河市	伊春市	黑河市	大庆市
分数	81.77	80.04	80.03	77.74	77.61	75.26	75.02	74.28	73.51	67.44	60.42	56.46	54.27

图 5-79　各地市居民生态文明相关知识了解情况对比

（二）各地市居民生态文明习惯养成情况对比分析

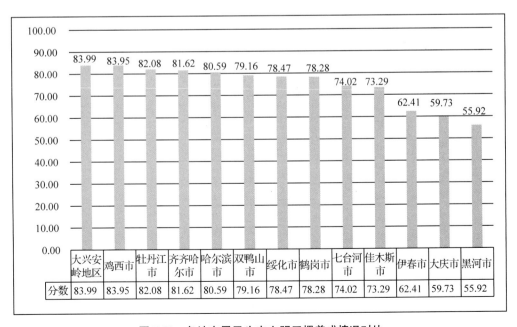

	大兴安岭地区	鸡西市	牡丹江市	齐齐哈尔市	哈尔滨市	双鸭山市	绥化市	鹤岗市	七台河市	佳木斯市	伊春市	大庆市	黑河市
分数	83.99	83.95	82.08	81.62	80.59	79.16	78.47	78.28	74.02	73.29	62.41	59.73	55.92

图 5-80　各地市居民生态文明习惯养成情况对比

（三）各地市居民对参与生态文明建设的态度对比分析

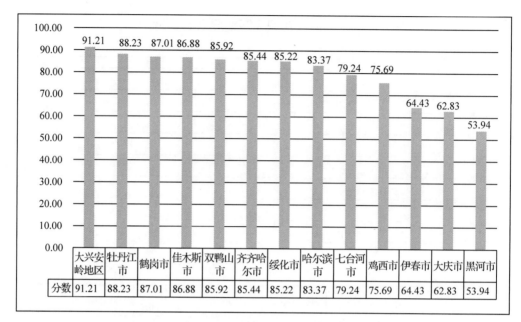

图5-81 各地市居民对参与生态文明建设的态度对比

（四）各地市居民生态文明宣传教育参与度对比分析

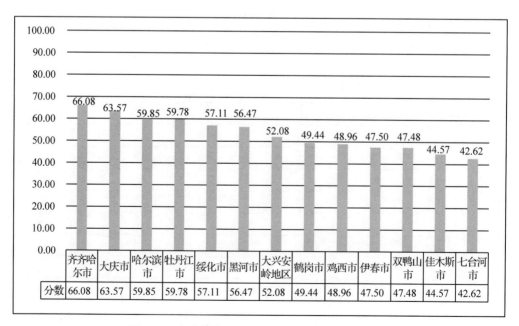

图5-82 各地市居民生态文明宣传教育参与度对比

（五）各地市居民环境保护与监督的参与度对比分析

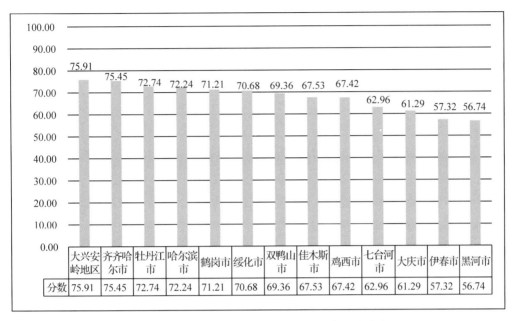

图 5-83　各地市居民环境保护与监督的参与度对比

三、公众参与情况最终排名

表 5.1　各地市生态文明建设公众参与情况排名

排名	地市	得分（满分为 65 分）	十分制得分
1	大兴安岭地区	58	8.92
2	齐齐哈尔市	56	8.61
3	牡丹江市	55	8.46
4	哈尔滨市	46	7.08
5	绥化市	40	6.15
5	鹤岗市	40	6.15
7	双鸭山市	32	4.92
7	鸡西市	32	4.92
9	佳木斯市	29	4.46
10	大庆市	20	3.08
11	七台河市	19	2.92
12	伊春市	15	2.31
13	黑河市	13	2.00

第四节 调研结果分析及改进措施

一、调研结果分析

(一)多地市公众参与生态文明建设意识普遍减弱

意识是行动的先导。公众参与生态文明建设意识的强弱,直接影响着美丽中国建设的进程和效果。2018年度,黑龙江省居民选择"非常愿意"参与生态文明建设的比例分别为哈尔滨35.85%,齐齐哈尔23.00%,牡丹江45.51%,佳木斯31.00%,七台河23.63%,大庆15.50%,黑河25.00%,绥化46.50%,伊春55.50%,鹤岗34.16%,双鸭山7.43%,鸡西29.72%,大兴安岭地区59.49%。2019年度,该项调查结果为,哈尔滨22.50%,齐齐哈尔52.00%,牡丹江29.50%,佳木斯43.00%,七台河41.50%,大庆51.50%,黑河28.50%,绥化42.50%,伊春34.00%,鹤岗60.00%,双鸭山41.50%,鸡西55.50%,大兴安岭地区87.70%。2020年度,该项调查结果为哈尔滨48.42%,齐齐哈尔45.78%,牡丹江55.61%,佳木斯49.04%,七台河34.62%,大庆21.53%,黑河15.17%,绥化47.11%,伊春27.22%,鹤岗51.04%,双鸭山48.48%,鸡西35.89%,大兴安岭地区64.88%。上述数据显示,与2018年度相比,2020年度黑龙江省各地市居民参与生态文明意识明显增强,但与2019年度相比,齐齐哈尔、七台河、大庆、黑河、伊春、鹤岗、鸡西、大兴安岭8个地市居民参与生态文明建设意识大幅下降。从总体情况来看,黑龙江省居民参与生态文明建设的主体意识和责任意识依然较低,只有大兴安岭1个地市比例超过了60.00%,且比2019年的87.70%下降了27.7个百分点。部分公众意识存在明显偏差,认为生态文明建设是政府和社会的责任,与个人无关。

(二)多地市公众生态文明知识掌握情况显著提升

掌握生态文明的相关知识,是公众参与生态文明建设的前提。2018年度,黑龙江省居民准确掌握植树节、"地球一小时"活动、《新环保法》、垃圾分类方法等生态文明相关知识的情况分别为哈尔滨8.96%,齐齐哈尔17.75%,牡丹江31.46%,佳木斯9.75%,七台河17.86%,大庆16.75%,黑河19.87%,绥化22.25%,伊春23.00%,鹤岗23.51%,双鸭山9.65%,鸡西21.23%,大兴安岭地区40.09%。2019年度,该项调研结果为,哈尔滨22.75%,齐齐哈尔

18.75%，牡丹江 27.25%，佳木斯 12.50%，七台河 22.50%，大庆 22.50%，黑河 32.25%，绥化 28.00%，伊春 30.75%，鹤岗 26.75%，双鸭山 22.50%，鸡西 38.75%，大兴安岭地区 27.75%。2020 年度，该项调研结果为，哈尔滨 34.74%，齐齐哈尔 36.92%，牡丹江 41.36%，佳木斯 25.48%，七台河 20.68%，大庆 12.85%，黑河 19.10%，绥化 33.68%，伊春 21.91%，鹤岗 34.28%，双鸭山 30.22%，鸡西 24.50%，大兴安岭地区 43.39%。梳理上述数据，与 2018 年度相比，2019 年度除牡丹江、大兴安岭 2 个地市外，各地市均有小幅提升。与 2019 年度相比，2020 年度，哈尔滨、齐齐哈尔、牡丹江、佳木斯、绥化、鹤岗、双鸭山、大兴安岭等地市居民掌握生态文明相关知识的情况明显提升。但是，从总体情况来看，黑龙江省公众对生态文明相关知识的了解还很欠缺，情况最好的大兴安岭地区比例也不及 50%，不了解垃圾分类等生态文明相关知识的公众仍然占有较大比例。

(三)各地市公众参与生态文明宣传教育情况整体偏低

当前，宣传倡议依然是黑龙江省公众接受生态文明教育的主要形式，如政府组织的听证会、座谈会、摄影展、文艺演出、知识讲座以及社区组织的签写倡议书、张贴宣传标语、观看展示板、填写调查问卷、评选先进家庭等。在 2020 年的调研中，明确表示参与过上述生态文明建设宣传活动的情况为：哈尔滨 25.62%，齐齐哈尔 25.32%，牡丹江 24.77%，佳木斯 13.94%，七台河 7.69%，大庆 24.31%，黑河 19.10%，绥化 21.08%，伊春 17.58%，鹤岗 11.86%，双鸭山 10.44%，鸡西 9.91%，大兴安岭地区 18.60%；明确表示"从未参加过上述活动"的情况为：哈尔滨 17.36%，齐齐哈尔 9.07%，牡丹江 15.42%，佳木斯 31.25%，七台河 28.85%，大庆 9.95%，黑河 17.42%，绥化 21.08%，伊春 27.23%，鹤岗 24.22%，双鸭山 27.17%，鸡西 6.19%，大兴安岭地区 23.14%。对比上述数据，部分地市居民从未参加过生态文明教育活动的比例远高于参与过的比例，这说明，各地市亟需增强生态文明教育的意识，尽快开展丰富多彩、贴近公众生活、易于群众掌握的生态文明教育活动。

(四)各地市公众参与生态文明建设效果稳中有升

居民在日常生活中的生态文明养成情况，即是公众参与生态文明建设情况的体现和表达。2018 年度，黑龙江省居民生态文明养成情况"很好"的比例分别为：哈尔滨 48.16%，齐齐哈尔 24.00%，牡丹江 24.16%，佳木斯 33.50%，七台河 14.29%，大庆 28.75%，黑河 17.41%，绥化 33.00%，伊春 27.50%，鹤岗 21.26%，双鸭山 16.09%，鸡西 33.26%，大兴安岭地区 44.00%。2019 年度，该项调研结果为：哈尔滨25.50%，齐齐哈尔24.50%，牡丹江31.75%，佳木斯16.75%，七台河30.25%，大庆24.75%，黑河22.00%，绥化19.50%，伊春27.00%，鹤岗34.00%，双鸭山30.25%，鸡西35.75%，大兴安岭地区24.75%。2020年度，该项调研结果为：哈尔滨40.70%，齐齐哈尔39.98%，牡丹江44.39%，佳木斯24.28%，七台河28.13%，大庆16.44%，黑河22.19%，绥化38.22%，伊春23.27%，鹤岗33.77%，双鸭山36.09%，鸡西40.72%，大兴安岭地区46.49%。与2018年度相比，2019年度齐齐哈尔、牡丹江、七台河、黑河、鹤岗、双鸭山、鸡西7个地市公众参与生态文明建设效果涨幅明显；与2019年度相比，2020年度哈尔滨、齐齐哈尔、牡丹江、佳木斯、绥化、双鸭山、鸡西、大兴安岭等地市公众参与生态文明建设效果均有明显提升，且其他地市变动不大。总体来看，黑龙江省居民生态文明养成情况提升空间仍然较大，公众参与生态文明建设的效果仍需增强。

二、改进措施

（一）加强公众参与生态文明建设的宣传教育

意识淡薄是制约公众参与生态文明建设的一个重要因素，需要加大对生态建设与环保基础知识的宣传教育，提高公众的生态文明意识。一是利用社会舆论进行宣传教育，政府可以充分借助社交平台和电视、广播等媒体的社会影响力来宣传生态文明相关知识，提升公众对环保行为的认可程度和自发参与生态文明建设的意愿；二是加强道德法治建设，"通过加强环境保护政策的宣传工作，宣传弘扬绿色、节能、减排的正确价值观，开展环境保护普法活动，并向公众展示破坏环境的危害性以及违反环境保护条例的典型案例，鼓励公众利用法律武器保护自身的生态权益"[1]；三是树立环保榜样形象，开展环保成绩评比活动可以充分激励公众参与生态文明建设的积极性，例如"进行环保模范个人、环保模范企业、环保模范团体等评比活动，对做出突出环保贡献的先进个人和集体给予充分肯定和鼓励，让榜样起到带头作用激励公众共同参与到生态文明建设之中"[2]。

（二）拓宽公众参与生态文明建设渠道

公众参与生态文明建设渠道单一是造成公众参与层次低，寻找公众参与的创新方式，保持公众参与渠道畅通是提高公众参与有效性的关键。"一方面可以

---

① 胡凌艳．当代中国生态文明建设中的公众参与研究［D］．华侨大学，2016．
② 李咏梅．农村生态环境治理中的公众参与度探析［J］．农村经济，2015（12）：94-99．

规范公众参与的渠道。人大和政协是我国公众参与生态文明建设的重要政治渠道，在筛选民意代表时应扩大范围，注重弱势群体的诉求表达，采取听证会、座谈会和媒体发布会等方式让环境决策更民主化、科学化；另一方面要重视专家学者所能发挥的积极作用。学者精英的言论在公众之中有着较高的信任度，政府要正确地肯定专家学者对公众利益的代表作用，重视专家学者在环境决策中发挥的重要作用，建立健全专学者参与生态文明建设的相关制度，同时鼓励普通群众共同参与到生态文明建设之中，聚集民众智慧的力量。"①

（三）完善生态文明建设公众参与机制

健全的生态文明建设机制能够为公众提供良好的参与氛围和平台，从而提高生态文明建设的有效性。一是健全法律制度。有序的公众参与离不开完善的法律机制的保护，因此要加强生态环境保护法律建设，明确规定合理合法的公众参与路径、形式和程序。二是完善市场运行机制。政府作为生态文明建设的主导力量，可以将生态文明建设与市场相结合，加大政府对环境公共服务和产品的购买力度，实现适度的市场化运行，以此来拓宽生态文明建设的融资渠道，完善环保基础设施，扶持民间环保组织发展，为公众参与提供充足的物质基础。三是完善公众参与监管机制。健全的生态环境信息公开制度可以维护公众的知情权，保证公众能够及时获得准确的相关环保信息。在不与国家利益冲突的前提下，政府部门和有关企业应该做到主动发布环境信息，让公众全面了解有关信息并对生态文明建设过程进行监督。

---

① 蒋子乐．生态环境治理中的公众参与研究[J]．法制与社会，2021（1）：145-146.

第六章

各地市生态文明建设公众满意度

为了解黑龙江省生态文明建设公众满意度，项目组通过实地考察、入户访谈、发放和收集调查问卷等方式对黑龙江省各地市进行了生态文明建设公众满意度的调研。生态文明建设公众满意度调研综合反映了公众对本地区生态环境各方面情况以及生态文明建设情况的评价，重点调查居民对本地区空气质量、水质量和生活环境改善等问题的评价，同时了解居民对政府生态文明建设工作的整体满意度等情况。

生态文明建设公众满意度调查结果能够客观真实反映各地市居民对生态文明建设成效的获得感，方便查找生态环境领域存在的问题和短板，为各地市、各部门改进工作、推进生态文明建设提供参考依据。

经过对实地调研结果进行的科学研究，主要通过以下两个层面对黑龙江省13个地市的生态文明建设公众满意度进行分析和比对。

一是分别对黑龙江省13个地市的二级指标进行整理分析，以图表和曲线图的形式展示。

二是对黑龙江省13个地市的生态文明建设公众满意度进行比对分析，以图表的形式展示。

第一节　公众满意度二级指标统计方法及分析

一、公众满意度二级指标统计方法

生态文明建设公众满意度在本次生态文明建设评价目标体系中目标类分值是10，为了更科学全面地反映黑龙江省各地市生态文明建设公众满意度的情况，生态文明建设公众满意度的调研设置了4个二级指标，指标内容和权数情况是：

居民对空气质量的满意度（权数2）；

居民对水质量的满意度(权数 2);

居民对本地生活环境改善的满意度(权数 3);

居民对政府生态文明建设工作的满意度(权数 3)。

在对 4 个二级指标进行调研的过程中,采取抽样调查的方法,共设计了 23 道题目支撑 4 个二级指标,每道题目的选项分为 5 个等级,分别是很满意、满意、一般、不满意和很不满意。为了对 23 道题目进行科学的分析和统计,每道题目都设置了相应的权数。

(一)第 1 个二级指标的内容、权数和计算方法

第 1 个二级指标居民对空气质量的满意度,共设置了 3 道题目,内容和权数分别是:

对空气总体质量的满意度(权数 1);

对雾霾情况的满意度(权数 0.5);

对空气负氧离子含量的满意度(权数 0.5)。

计算方法是对调查题目的选项进行赋权,每道题目根据赋权比例获得最后的分数,然后进行相加,就是第 1 个二级指标满意度的结果。

比如:居民对空气质量满意度共 5 个等级,其中很满意的百分比例=(对空气总体质量的满意度百分比×1+对雾霾情况的满意度×0.5+对空气负氧离子含量的满意度×0.5)/2。

(二)第 2 个二级指标的内容、权数和计算方法

第 2 个二级指标居民对水质量的满意度,共设置了 3 道题目,内容和权数分别是:

对水总体质量的满意度(权数 1);

对江河湖泊水质量的满意度(权数 0.5);

对饮用水安全的满意度(权数 0.5)。

计算方法是对调查题目的选项进行赋权,每道题目根据赋权比例获得最后的分数,然后进行相加,就是第 2 个二级指标满意度的结果。

比如:居民对水质量满意度共 5 个等级,其中很满意的百分比例=(对水总体质量的满意度百分比×1+对江河湖泊水质量的满意度×0.5+对饮用水安全的满意度×0.5)/2。

(三)第 3 个二级指标的内容、权数和计算方法

第 3 个二级指标居民对本地生活环境改善的满意度,共设置了 9 道题目,内

容和权数分别是：

对食品安全总体的满意度(权数0.5)；

对粮食绿色品质的满意度(权数0.25)；

对蔬菜绿色品质的满意度(权数0.25)；

对垃圾处理的满意度(权数0.5)；

对工业污染处理的满意度(权数0.5)；

对市容市貌(村容村貌)的满意度(权数0.25)；

对噪声处理的满意度(权数0.25)；

对城市绿化(乡村绿化)的满意度(权数0.25)；

对本地区生态环境不断改善的满意度(权数0.25)。

计算方法是对调查题目的选项进行赋权，每道题目根据赋权比例获得最后的分数，然后进行相加，就是第3个二级指标满意度的结果。

比如：居民对本地生活环境改善的满意度共5个等级，其中很满意的百分比例=[对食品安全总体的满意度×0.5+对粮食绿色品质的满意度×0.25+对蔬菜绿色品质的满意度×0.25+对垃圾处理的满意度×0.5+对工业污染处理的满意度×0.5+对市容市貌(村容村貌)的满意度×0.25+对噪声处理的满意度×0.25+对城市绿化(乡村绿化)的满意度×0.25+对本地区生态环境不断改善的满意度×0.25]/3。

(四)第4个二级指标的内容、权数和计算方法

第4个二级指标对政府生态文明建设工作的满意度，共设置了8道题目，内容和权数分别是：

对自然景观的满意度(权数0.25)；

对人文景观的满意度(权数0.25)；

对交通环保的满意度(权数0.25)；

对便民环保设施的满意度(权数0.25)；

对政府生态文明建设理念的满意度(权数0.50)；

对生政府态文明建设举措的满意度(权数0.50)；

对政府生态文明建设周期(长或短)的满意度(权数0.50)；

对政府生态文明建设成效的满意度(权数0.50)。

计算方法是对调查题目的选项进行赋权，每道题目根据赋权比例获得最后的分数，然后进行相加，就是第4个二级指标满意度的结果。

比如：居民对政府生态文明建设工作的满意度共5个等级，其中很满意的百分比例=[对自然景观的满意度×0.25+对人文景观的满意度×0.25+对交通环保的满意度×0.25+对便民环保设施的满意度×0.25+对政府生态文明建设理念的满

意度×0.5＋对政府生态文明建设举措的满意度×0.5＋对政府生态文明建设周期（长或短）的满意度×0.5＋对政府生态文明建设成效的满意度×0.5]/3。

二、公众满意度二级指标分析结果

(一)哈尔滨市生态文明建设公众满意度二级指标单项分析结果

1. 哈尔滨市居民对本地空气质量的满意度

数据显示，哈尔滨市居民对本地空气质量的满意度总体比较好，"满意"以上的占比在52%左右。大多数居民都表达了对哈尔滨市的空气质量是比较满意的，虽然冬天有雾霾的情况，但认为雾霾天气在不断减少。具体情况如图6-1所示：

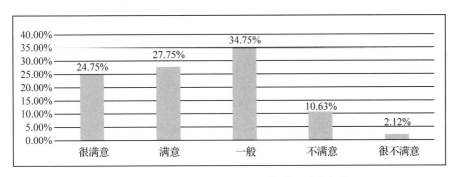

图6-1 哈尔滨市居民对本地空气质量的满意度

2. 哈尔滨市居民对本地水质量满意度

数据显示，哈尔滨市居民对本地水质量的满意度总体比较好，"满意"以上的占比在49%，"一般"的占比在27%左右，"不满意"以下的占到23%左右。在实地调研中，询问本市居民对水的总体质量的满意程度时，一些居民表示哈尔滨的水质仍有需要改善的地方。具体情况如图6-2所示：

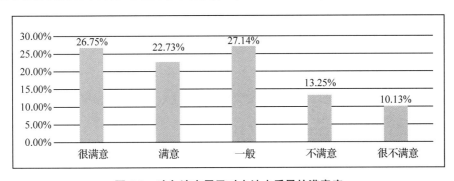

图6-2 哈尔滨市居民对本地水质量的满意度

3. 哈尔滨市居民对本地生活环境改善的满意度

数据显示，哈尔滨市居民对本地生活环境改善的总体满意度是比较高的，满意的占比达到58%左右，不满意的占比仅有11%左右，大多数居民认为哈尔滨的环境是不断得到改善的。具体情况如图6-3所示：

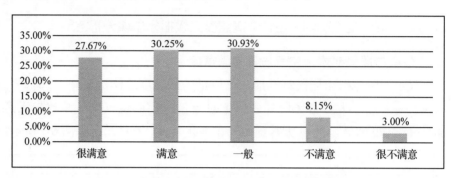

图6-3　哈尔滨市居民对本地生活环境改善的满意度

4. 哈尔滨市居民对本地政府生态文明建设工作的满意度

数据显示，哈尔滨市居民对本地政府生态文明建设工作的总体满意度较高，59%左右的哈尔滨市居民对本地政府生态文明建设理念和生态文明建设举措持肯定态度，不满意的占比只有11%左右，不满意的原因主要是部分居民认为哈尔滨环保设施配备有待提高。具体情况如图6-4所示：

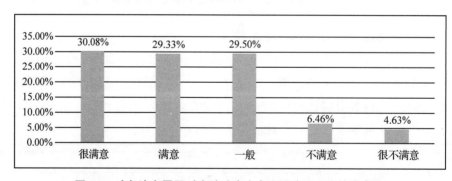

图6-4　哈尔滨市居民对本地政府生态文明建设工作的满意度

(二)齐齐哈尔市生态文明建设公众满意度二级指标单项分析结果

1. 齐齐哈尔市居民对本地空气质量的满意度

数据显示，齐齐哈尔市居民对本地空气质量的总体情况是非常满意的，满意的占比在70%左右，不满意的占比仅在5%左右。当地居民认为齐齐哈尔市空气总体质量较好。具体情况如图6-5所示：

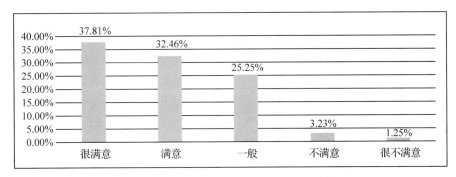

图 6-5　齐齐哈尔市居民对本地空气质量的满意度

2. 齐齐哈尔市居民对本地水质量满意度

数据显示，齐齐哈尔市居民对本地水质量的满意度占比在65%左右，不满意的占比仅为7%左右。居民对本地区水的总体质量的认可度较好，尤其是当地居民对本地区的饮用水安全满意度比较高。具体情况如图6-6所示：

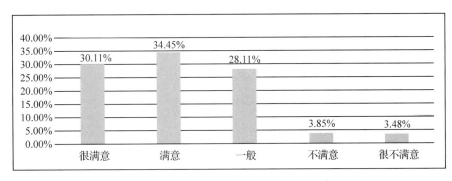

图 6-6　齐齐哈尔市居民对本地水质量满意度

3. 齐齐哈尔市居民对本地生活环境改善的满意度

数据显示，齐齐哈尔市居民对本地生活环境改善的满意度比较高，满意的占比达到69%左右，不满意的占比仅为4%左右。当地居民对本地区城市绿化（乡村绿化）、食品安全的满意度非常好。具体情况如图6-7所示：

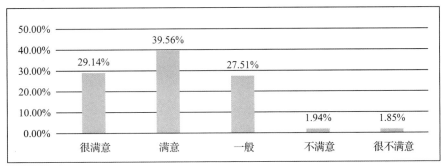

图 6-7　齐齐哈尔市居民对本地生活环境改善的满意度

4. 齐齐哈尔市居民对本地政府生态文明建设工作的满意度

数据显示，齐齐哈尔市居民对本地政府生态文明建设工作的整体满意度非常高，满意的比例占70%左右，不满意的占比仅有4%左右。当地居民对自然景观、人文景观的满意度都非常好，希望政府能加强对交通噪声的处理，能提供更方便的交通设施，给居民提供良好的生存生活及工作环境。具体情况如图6-8所示：

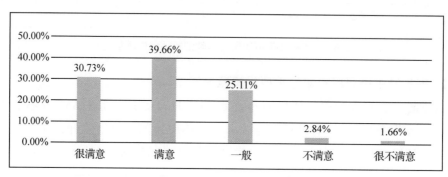

图6-8　齐齐哈尔市居民对本地政府生态文明建设工作的满意度

(三)牡丹江市生态文明建设公众满意度二级指标单项分析结果

1. 牡丹江市居民对本地空气质量的满意度

数据显示，牡丹江市居民对本地空气质量的总体满意度比较高，满意的占比在55%左右，持中间态度的占比在41%左右，不满意的占比只有3%左右。具体情况如图6-9所示：

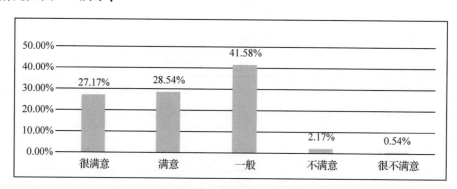

图6-9　牡丹江市居民对本地空气质量的满意度

2. 牡丹江市居民对本地水质量满意度

数据显示，牡丹江市居民对本地水质量的满意度总体较好，持满意态度的占比在55%，不满意的占比仅有8%左右。大多数居民都认为牡丹江市江河湖泊的水质比较好，饮用水安全有保障。具体情况如图6-10所示：

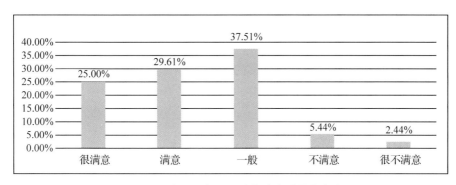

图 6-10　牡丹江市居民对本地水质量满意度

3. 牡丹江市居民对本地生活环境改善的满意度

数据显示，牡丹江市居民对本地生态环境改善的情况总体的认可度比较高，满意的占比在 55% 左右，持中间态度的占比有 37% 左右，不满意的占比仅有 8% 左右。具体情况如图 6-11 所示：

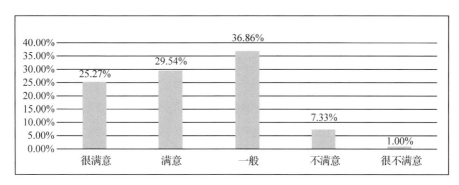

图 6-11　牡丹江市居民对本地生活环境改善的满意度

4. 牡丹江市居民对政府生态文明建设工作的满意度

数据显示，牡丹江市居民对政府生态文明建设工作是比较认可的，满意的占比在 58% 左右，不满意的占比仅有 5% 左右。很多居民认为政府在生态文明建设方面投入了很大的力度。具体情况如图 6-12 所示：

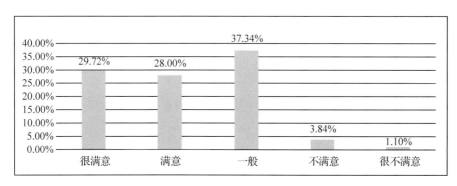

图 6-12　牡丹江市居民对本地政府生态文明建设工作的满意度

(四)佳木斯市生态文明建设公众满意度二级指标单项分析结果

1. 佳木斯市居民对本地空气质量的满意度

数据显示，佳木斯市居民对本市的空气质量比较满意，满意的占比在69%左右，不满意的占比仅为5%左右。大多数居民认为佳木斯市的空气质量比较满意。具体情况如图6-13所示：

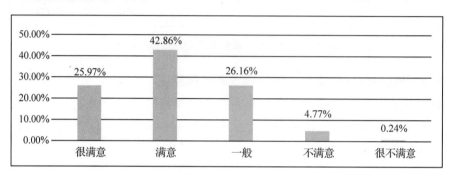

图6-13 佳木斯市居民对本地空气质量的满意度

2. 佳木斯市居民对本地水质量满意度

数据显示，佳木斯市居民对本地水质量总体是比较满意的，满意的占比为55%左右。对本市的水质量持一般态度的占比在36%左右。佳木斯市居民对水质量表示不满意的占比在10%左右，主要是希望能够提升对本地江河湖泊的治理力度。具体情况如图6-14所示：

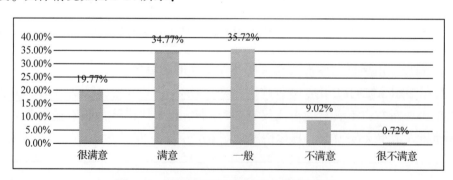

图6-14 佳木斯市居民对本地水质量满意度

3. 佳木斯市居民对本地生活环境改善的满意度

数据显示，佳木斯市居民对本地生活环境改善的满意度在55%左右，持一般态度的占比在37%左右。一些居民表示佳木斯市的垃圾分类处理，需要进一步推进。具体情况如图6-15所示：

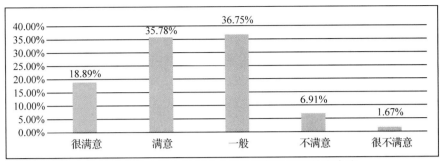

图 6-15 佳木斯市居民对本地生活环境改善的满意度

4. 佳木斯市居民对政府生态文明建设工作的满意度

数据显示，佳木斯市居民对本地政府生态文明建设工作是比较满意的，满意的占比在 58% 左右，持一般态度的占比在 38% 左右，不满意度的占比仅为 4% 左右。居民认为佳木斯市政府在生态文明建设方面取得了很多成就，佳木斯市的生态环境在不断提升。具体情况如图 6-16 所示：

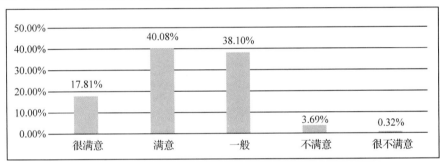

图 6-16 佳木斯市居民对政府生态文明建设工作的满意度

（五）大庆市生态文明建设公众满意度二级指标单项分析结果

1. 大庆市居民对本地空气质量的满意度

数据显示，大庆市居民对本地空气质量满意率在 33% 左右，持中间态度的占比在 38% 左右，不满意占比在 29% 左右。大多数居民认为大庆的空气比较清新，但期待空气质量还能有更好的提升。具体情况如图 6-17 所示：

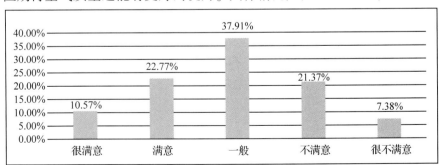

图 6-17 大庆市居民对本地空气质量的满意度

2. 大庆市居民对水质量满意度

数据显示，大庆市居民对本地水质量持满意态度的占比在 38% 左右，不满意的占比在 27% 左右。大庆市的一些居民认为大庆市的饮用水安全和江河湖泊的水质有待提升。具体情况如图 6-18 所示：

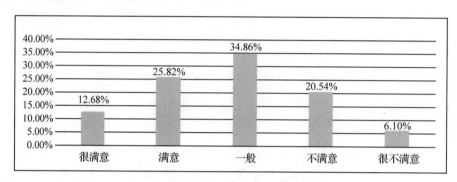

图 6-18　大庆市居民对本地水质量满意度

3. 大庆市居民对本地生活环境改善的满意度

数据显示，大庆市居民对生活环境改善的满意率在 43% 左右，不满意的占比在 23% 左右。大庆市居民认为在垃圾分类处理、环保设施配置等方面有待提升，并希望当地政府能采取有效的措施。具体情况如图 6-19 所示：

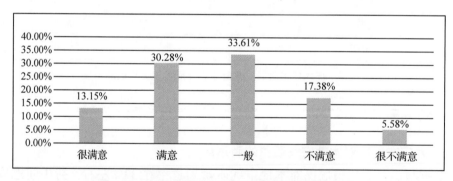

图 6-19　大庆市居民对本地生活环境改善的满意度

4. 大庆市居民对政府生态文明建设工作的满意度

数据显示，大庆市居民对政府生态文明建设工作的满意率在 46% 左右，不满意的占比在 23% 左右。大庆市居民认为当地政府能进一步加大生态文明建设的力度，使大庆市生态环境提升一个台阶。具体情况如图 6-20 所示：

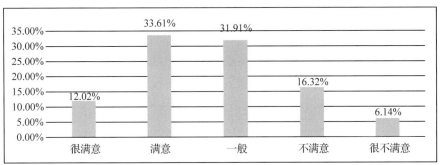

图 6-20 大庆市居民对政府生态文明建设工作的满意度

(六)鸡西市生态文明建设公众满意度二级指标单项分析结果

1. 鸡西市居民对本地空气质量的满意度

数据显示，在空气质量方面，鸡西市居民的满意度，满意的占比在 52% 左右，持中间态度的占比在 42% 左右，不满意的占比仅有 6% 左右。鸡西市居民表示，鸡西市的空气质量总体比较好，但空气质量仍然有提升的空间。具体情况如图 6-21 所示：

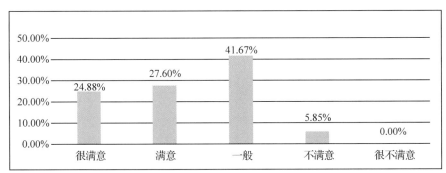

图 6-21 鸡西市居民对本地空气质量的满意度

2. 鸡西市居民对本地水质量满意度

数据显示，在水质满意度方面，鸡西市居民总体满意度呈现出中间大、两头小的分布，满意度持中的占比在 40% 左右。居民认为江河湖泊的水质有待提升，希望当地政府能够给予足够的重视。具体情况如图 6-22 所示：

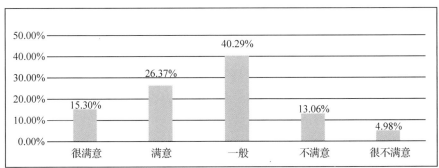

图 6-22 鸡西市居民对本地水质量满意度

3. 鸡西市居民对本地生活环境改善的满意度

数据显示,鸡西市居民对本地生活环境改善的满意度较好。其中满意的占比在46%左右,态度持中的在43%左右,不满意的占比在12%左右。鸡西市居民认为当地政府在生态文明建设方面,投入了较大的力度,当地生态环境有了很大改善。具体情况如图6-23所示:

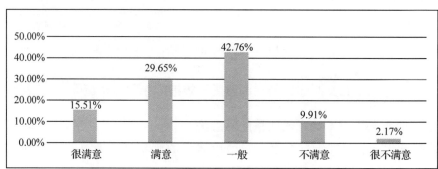

图6-23 鸡西市居民对本地生活环境改善的满意度

4. 鸡西市居民对政府生态文明建设工作的满意度

数据显示,鸡西市居民对政府生态文明建设的满意度比较持中,满意的占比在47%左右,态度持中的占比在48%左右,不满意的占比在5%左右。鸡西市居民对当地政府在生态文明建设方面投入了比较大的力度,但也有较多需要完善的地方。具体情况如图6-24所示:

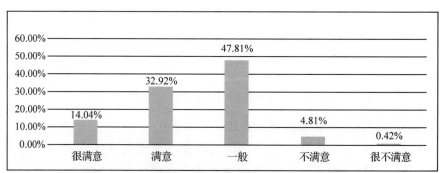

图6-24 鸡西市居民对政府生态文明建设工作的满意度

(七)双鸭山市生态文明建设公众满意度二级指标单项分析结果

1. 双鸭山市居民对本地空气质量的满意度

数据显示,双鸭山市居民对本地空气质量的总体满意度较高,满意的占比在53%左右,不满意的占比仅为9%左右。双鸭山市居民认为当地空气质量有所提升。具体情况如图6-25所示:

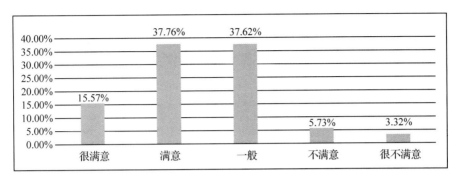

图 6-25　双鸭山市居民对本地空气质量的满意度

2. 双鸭山市居民对本地水质量满意度

数据显示，双鸭山市居民对本地水质量的满意度，满意的占比在 44% 左右，持中间态度的占比在 41% 左右，不满意的占比在 14% 左右。双鸭山市居民反映双鸭山市的饮用水质量有待提升。具体情况如图 6-26 所示：

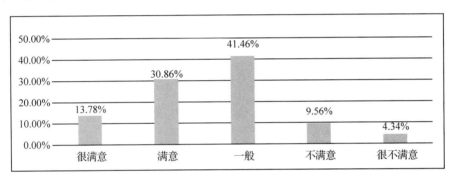

图 6-26　双鸭山市居民对本地水质量满意度

3. 双鸭山市居民对本地生活环境改善的满意度

数据显示，双鸭山市居民对本地生活环境改善的满意度总体较好，满意占比在 47% 左右，持中间态度的占比在 42% 左右，不满意的占比在 11% 左右。双鸭山市居民认为双鸭山市的生活环境总体比较好，垃圾分类处理有待提升。具体情况如图 6-27 所示：

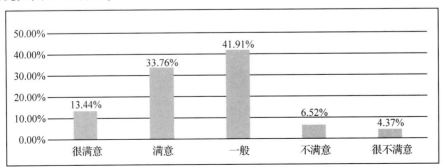

图 6-27　双鸭山市居民对本地生活环境改善的满意度

4. 双鸭山市居民对政府生态文明建设工作的满意度

数据显示，双鸭山市居民对政府生态文明建设工作的满意度比较持中，认为一般的占比在43%左右。双鸭山市居民认为当地政府的生态文明建设工作有待提升，应该进一步加大生态文明建设的工作力度，提升生活环境的舒适度。具体情况如图6-28所示：

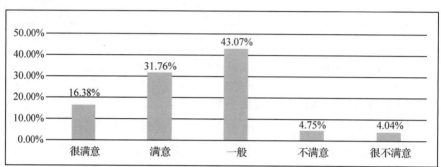

图6-28　双鸭山市居民对政府生态文明建设工作的满意度

（八）伊春市生态文明建设公众满意度二级指标单项分析结果

1. 伊春市居民对本地空气质量的满意度

数据显示，伊春市居民对于本市空气质量的满意度，满意的占比在45%左右，不满意的占比在35%左右。绝大多数市民认为伊春的空气质量是较好的。具体情况如图6-29所示：

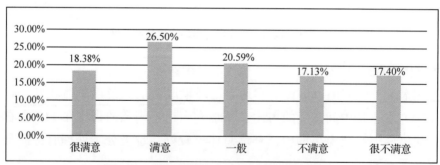

图6-29　伊春市居民对本地空气质量的满意度

2. 伊春市居民对本地水质量满意度

数据显示，伊春市居民对水质量的满意度，满意的占比在46%左右，不满意的占比在37%左右。宜春市居民对饮用水的质量比较认可。具体情况如图6-30所示：

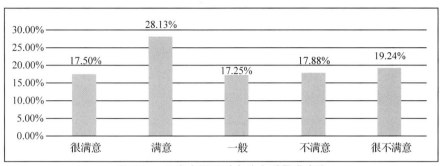

图 6-30　伊春市居民对本地水质量满意度

3. 伊春市居民对本地生活环境改善的满意度

数据显示，伊春市居民对本地生活环境改善的满意度，满意的占比在 40% 左右，不满意的占比在 37% 左右。伊春市居民认为伊春市的生活环境还有很大的提升空间。具体情况如图 6-31 所示：

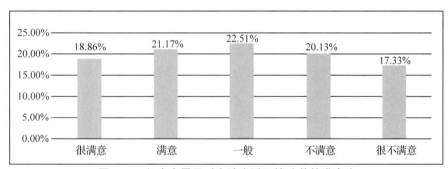

图 6-31　伊春市居民对本地生活环境改善的满意度

4. 伊春市居民对政府生态文明建设工作的满意度

数据显示，伊春市居民地政府生态文明建设工作满意度，满意的占比在 48% 左右，不满意的占比在 34% 左右。伊春市居民认为当地政府十分重视生态文明建设，但生态文明建设工作还有待进一步提升。具体情况如图 6-32 所示：

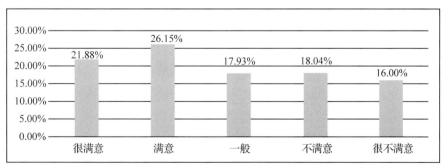

图 6-32　伊春市居民对政府生态文明建设工作的满意度

(九)七台河市生态文明建设公众满意度二级指标单项分析结果

1. 七台河市居民对本地空气质量的满意度

数据显示，七台河市居民对本地空气质量持中间态度，认为一般的占比在49%，接近一半左右。具体情况如图6-33所示：

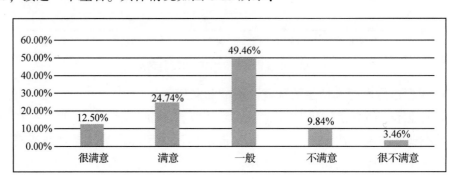

图6-33 七台河市居民对本地空气质量的满意度

2. 七台河市居民对本地水质量满意度

数据显示，七台河市居民对于本市水体质量的满意度，满意的占比在43%左右，不满意的占比在17%左右。七台河市居民表示当地的饮用水质量有待提升。具体情况如图6-34所示：

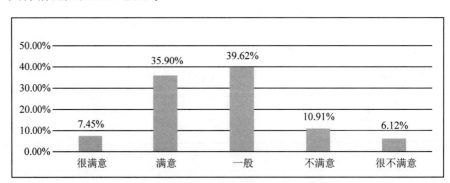

图6-34 七台河市居民对本地水质量满意度

3. 七台河市居民对本地生活环境改善的满意度

数据显示，七台河市居民对本地生活改善的满意度比较持中，认为一般的占比在45%左右。七台河市居民认为当地对垃圾分类处理和便民环保设施的配备有待加强。具体情况如图6-35所示：

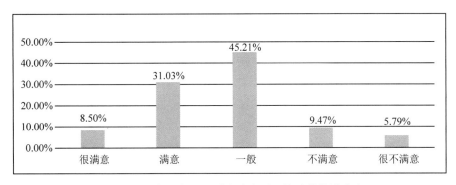

图 6-35　七台河市居民对本地生活环境改善的满意度

4. 七台河市居民对政府生态文明建设工作的满意度

数据显示，七台河市居民对政府生态文明建设工作的满意度，满意的占比在 41% 左右，只有 12% 左右的居民表示不满意和很不满意，持中间态度的占比在 46% 左右。七台河市居民认为当地政府对生态文明建设是比较重视的，希望能够进一步推进生态文明建设工作。具体情况如图 6-36 所示：

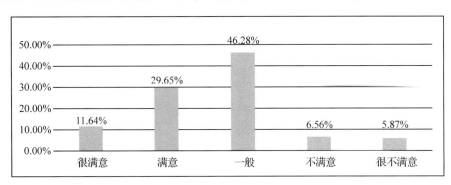

图 6-36　七台河市居民对政府生态文明建设工作的满意度

(十)鹤岗市生态文明建设公众满意度二级指标单项分析结果

1. 鹤岗市居民对空气质量的满意度

数据显示，鹤岗市城市居民对城市空气质量总体满意度较高，满意的占比在 74% 左右，持中间态度的占比在 24% 左右，不满意的占比仅为 2% 左右。鹤岗市居民认为当地的空气质量非常好，冬天雾霾天比较少。具体情况如图 6-37 所示：

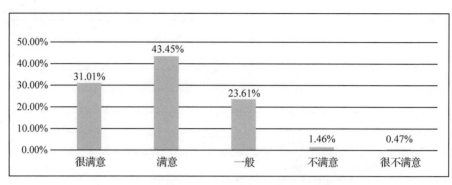

图 6-37　鹤岗市居民对本地空气质量的满意度

2. 鹤岗市居民对本地水质量满意度

数据显示，鹤岗市居民对于本地水质量的满意度比较高，满意的占比在66%左右，不满意的占比仅有11%左右。鹤岗市居民认为当地的水质量非常好，饮用水比较安全。具体情况如图 6-38 所示：

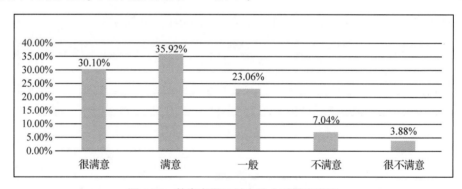

图 6-38　鹤岗市居民对本地水质量满意度

3. 鹤岗市居民对本地生活环境改善的满意度

数据显示，鹤岗市居民对本地生活环境改善是非常满意的，满意的占比在62%左右，不满意的占比仅有5%左右。大多数鹤岗市居民对当地的生活环境比较舒适。具体情况如图 6-39 所示：

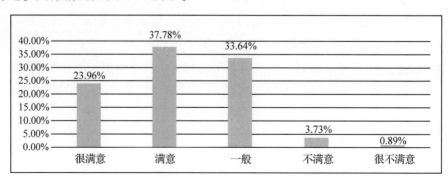

图 6-39　鹤岗市居民对本地生活环境改善的满意度

4. 鹤岗市居民对政府生态文明建设工作的整体满意度

数据显示，鹤岗市居民对政府生态文明建设工作是比较满意的，满意的占比在67%左右，只有4%左右的人表示不满意。鹤岗市居民认为当地政府采取了较好的举措，鹤岗市的生态环境质量在不断地提升。具体情况如图6-40所示：

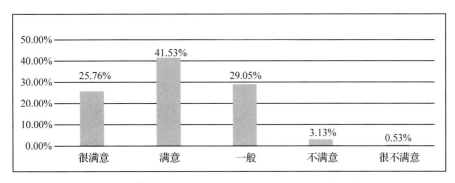

图6-40 鹤岗市居民对政府生态文明建设工作的满意度

(十一)黑河市生态文明建设公众满意度二级指标单项分析结果

1. 黑河市居民对本地空气质量的满意度

数据显示，黑河市居民对于本地空气质量的总体满意度一般，持中间态度的占比在89%左右。具体情况如图6-41所示：

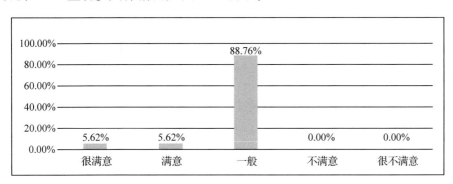

图6-41 黑河市居民对本地空气质量的满意度

2. 黑河市居民对本地水质量满意度

数据显示，黑河市居民对本地水质量持中间态度，满意的占比在9%左右，不满意的占比在1%左右，认为一般的占比在90%左右。具体情况如图6-42所示：

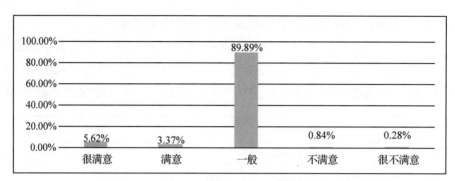

图 6-42 黑河市居民对本地水质量满意度

3. 黑河市居民对本地生活环境改善的满意度

数据显示，黑河市居民对本地生活环境的满意度，满意的占比在10%左右，不满意的占比在3%左右，持中间态度的占比在88%左右。黑河市居民认为当地的生活环境整体有很大的提升空间。具体情况如图 6-43 所示：

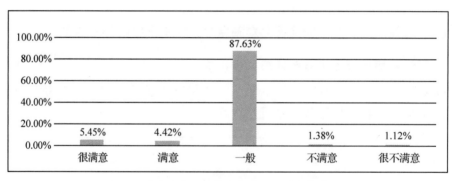

图 6-43 黑河市居民对本地生活环境改善的满意度

4. 黑河市居民对政府生态文明建设工作的满意度

数据显示，黑河市居民对政府的生态文明建设的满意度，满意的占比在11%左右，持中间态度的占比在88%左右，不满意的占比仅有1%左右。具体情况如图 6-44 所示：

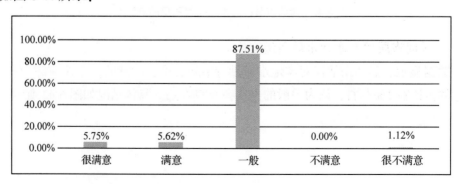

图 6-44 黑河市居民对政府生态文明建设工作的满意度

（十二）绥化市生态文明建设公众满意度二级指标单项分析结果

1. 绥化市居民对本地空气质量的满意度

数据显示，绥化市居民对本地空气质量总体是比较满意的，满意的占 60% 左右，不满意的占比在 20% 左右。绥化市居民认为本地空气质量还有待提升。具体情况如图 6-45 所示：

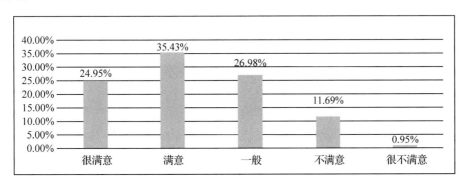

图 6-45　绥化市居民对本地空气质量的满意度

2. 绥化市居民对本地水质量满意度

数据显示，绥化市居民对本地水质量是比较满意的，满意的在 55% 左右，不满意的占比仅有 10%。绥化市居民认为当地饮用水质量较好。具体情况如图 6-46 所示：

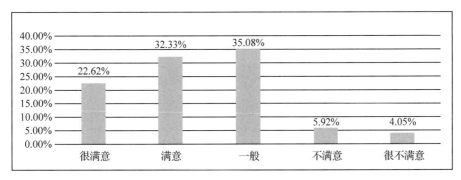

图 6-46　绥化市居民对本地水质量满意度

3. 绥化市居民对本地生活环境改善的满意度

数据显示，绥化市居民对本地生活环境改善是比较认可的，满意的占比在 63% 左右，不满意的占比在 9% 左右。绥化市居民认为当地生活环境有比较大的改善。具体情况如图 6-47 所示：

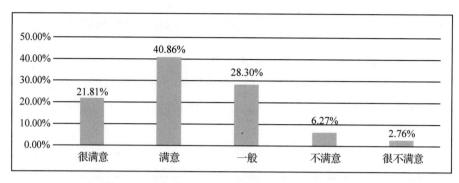

图 6-47　绥化市居民对本地生活环境改善的满意度

4. 绥化市居民对政府生态文明建设工作的满意度

数据显示，绥化市居民对本地政府生态文明建设工作是比较满意的。满意的占比在 63% 左右，不满意的占比在 5% 左右。具体情况如图 6-48 所示：

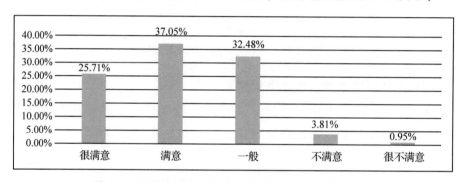

图 6-48　绥化市居民对政府生态文明建设工作的满意度

（十三）大兴安岭地区生态文明建设公众满意度二级指标单项分析结果

1. 大兴安岭地区居民对本地空气质量的满意度

数据显示，大兴安岭地区居民对本地区的空气质量非常满意，满意的占比达到 93% 左右，只有 1% 的居民表示不满意。具体情况如图 6-49 所示：

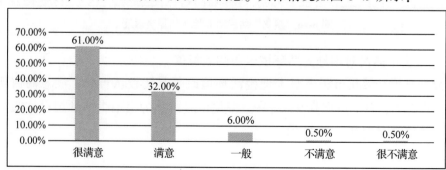

图 6-49　大兴安岭地区居民对本地空气质量的满意度

2. 大兴安岭地区居民对本地水质量满意度

数据显示，大兴安岭地区居民对本地水质量总体满意度比较高，满意的占比在 71% 左右，只有 3% 的居民表示不满意。具体情况如图 6-50 所示：

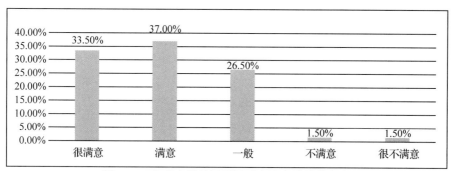

图 6-50 大兴安岭地区居民对本地水质量满意度

3. 大兴安岭地区居民对本地生活环境改善的满意度

数据显示，大兴安岭地区居民对本地生活环境改善的满意度比较高。大兴安岭地区，植被较多，生态环境较好。居民表示希望能够增加一些便民环保设施。具体情况如图 6-51 所示：

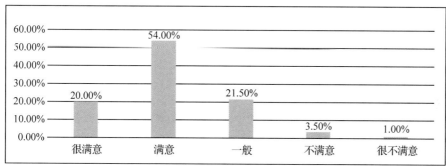

图 6-51 大兴安岭地区居民对本地生活环境改善的满意度

4. 大兴安岭地区居民对政府生态文明建设工作的满意度

数据显示，大兴安岭地区居民对政府生态文明建设工作给予了非常高的评价，满意的占比在 70% 左右，只有 5% 左右的居民表示不满意。具体情况如图 6-52 所示：

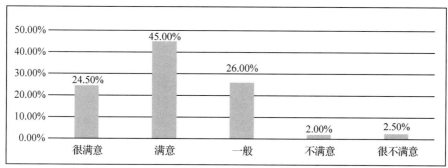

图 6-52 大兴安岭地区居民对政府生态文明建设工作的满意度

第二节　公众满意度总体统计分析结果

一、公众满意度总体统计方法

生态文明建设公众满意度设置了 4 个二级指标，指标内容和权数情况是：

居民对空气质量的满意度(权数 2)；

居民对水质量满意度(权数 2)；

居民对本地生活环境改善的满意度(权数 3)；

居民对政府生态文明建设工作的满意度(权数 3)。

计算方法是根据每个二级指标的赋权数，获得最后的分数，然后进行相加，就是各地市生态文明建设公众满度的结果。

比如：生态文明建设公众满意度共 5 个等级，其中很满意的百分比例＝居民对空气质量的满意度×0.2＋居民对水质量满意度×0.2＋居民对本地生活环境改善的满意度×0.3＋居民对政府生态文明建设工作的满意度×0.3。

二、公众满意度总体分析结果

(一)哈尔滨市生态文明建设公众满意度总体分析结果

根据二级指标的权重和分析数据，得到的数据显示，哈尔滨市居民对本地的生态文明建设情况是比较满意的，满意的占比在 55% 左右，不满意的占比在 14% 左右。哈尔滨市居民认为当地的生态文明建设工作推进的力度比较大，尤其是垃圾分类的宣传工作投入比较多，便民的环保设施也在不断增多。具体情况如图 6-53 所示：

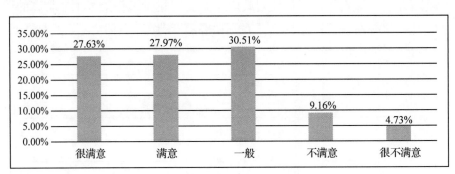

图 6-53　哈尔滨市生态文明建设公众满意度总体分析结果

(二)齐齐哈尔市生态文明建设公众满意度总体分析结果

对二级指标进行赋权计算,得到的数据显示,齐齐哈尔市生态文明建设公众满意度总体分析结果是比较高的,满意的占比在69%左右,认为一般的占比在26%左右,不满意的占比仅有5%左右。齐齐哈尔市居民认为当地政府积极进行生态文明建设,为居民提供良好的生活环境。希望当地政府能够加大在垃圾分类处理和食品安全方面的投入力度。具体情况如图6-54所示:

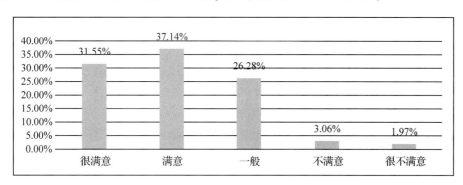

图6-54 齐齐哈尔市生态文明建设公众满意度总体分析结果

(三)牡丹江市生态文明建设公众满意度总体分析结果

统计结果显示,牡丹江市居民对牡丹江市生态文明建设工作总体是比较认可的,满意的占比在56%左右,不满意的占比在6%左右。牡丹江市居民认为当地政府在生活环境改善方面做了很多工作,希望能够加大垃圾分类处理力度。具体情况如图6-55所示:

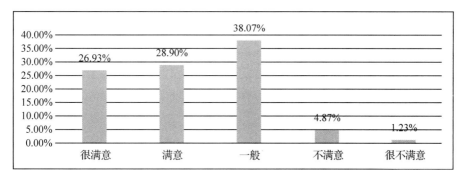

图6-55 牡丹江市生态文明建设公众满意度总体分析结果

(四)佳木斯市生态文明建设公众满意度总体分析结果

统计结果显示,佳木斯市生态文明建设公众满意度,满意的占比在58%左右，持中间态度的占比在 38% 左右，不满意的占比在 7% 左右。佳木斯市居民认为当地政府应该努力提升水质量，尤其是江河湖泊的质量，还希望能够加大垃圾处理和提升市容市貌的工作力度。具体情况如图 6-56 所示：

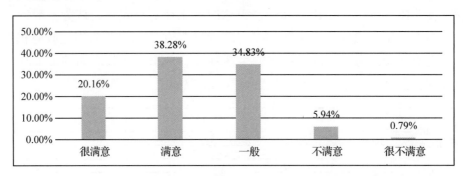

图 6-56　佳木斯市生态文明建设公众满意度总体分析结果

(五)大庆市生态文明建设公众满意度总体分析结果

统计结果显示，大庆市居民对本地的生态文明建设的满意度处于中间水平，满意的占比在 41% 左右，持一般态度的占比在 34% 左右，不满意的占比在 25% 左右。大庆市居民认为当地的生活环境总体还不错，但在很多方面需要进一步的提升，比如：垃圾分类处理、水资源保护、人文景观等方面，希望当地政府能给予高度重视。具体情况如图 6-57 所示：

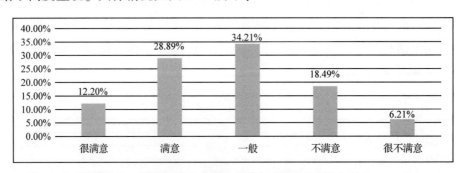

图 6-57　大庆市生态文明建设公众满意度总体分析结果

(六)鸡西市生态文明建设公众满意度总体分析结果

统计结果显示，鸡西市居民对本地生态文明建设的满意度，满意的占比在 47% 左右，不满意的占比仅有 10% 左右。鸡西市居民表示，鸡西市政府实施了很多好的举措，使当地生态环境有较大的改善。具体情况如图 6-58 所示：

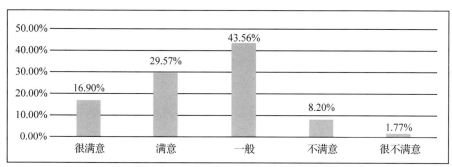

图6-58　鸡西市生态文明建设公众满意度总体分析结果

（七）双鸭山市生态文明建设公众满意度总体分析结果

统计结果显示，双鸭山市居民对本地生态文明建设的满意度，满意的占比在48%左右，认为一般的占比在41%左右，不满意的占比在11%左右。双鸭山市居民表示当地的空气质量有待提升，希望政府能够加大生态文明建设工作的力度。具体情况如图6-59所示：

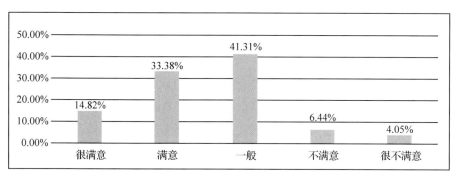

图6-59　双鸭山市生态文明建设公众满意度总体分析结果

（八）伊春市生态文明建设公众满意度总体分析结果

统计结果显示，伊春市居民对本地的生态文明建设的满意度不是特别高，满意的占比在45%左右，不满意的占比在36%左右。伊春市居民希望当地政府在便民设施等方面能够加大投入力度。具体情况如图6-60所示：

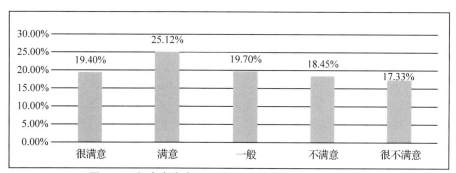

图6-60　伊春市生态文明建设公众满意度总体分析结果

(九)七台河市生态文明建设公众满意度总体分析结果

统计结果显示，七台河市生态文明建设公众满意度呈现出中间大、两头小的分布状态。七台河市居民对当地政府对生态文明建设工作是比较重视的，希望在城市建设方面能有更具体的举措，在便民环保设施的配备等方面有所加强。具体情况如图 6-61 所示：

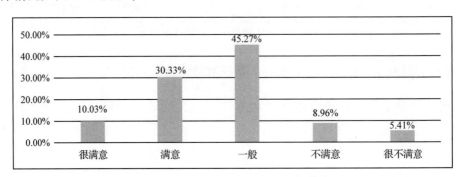

图 6-61 七台河市生态文明建设公众满意度总体分析结果

(十)鹤岗市生态文明建设公众满意度总体分析结果

统计结果显示，鹤岗市居民对本地生态文明建设公众满意度较好，满意的占比在 67% 左右，认为一般的占比在 28% 左右，不满意的占比在 5% 左右。鹤岗市居民对当地政府生态文明建设工作总体是满意的，希望政府能够加大对江河湖泊治理的力度。具体情况如图 6-62 所示：

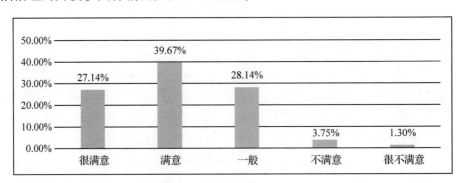

图 6-62 鹤岗市生态文明建设公众满意度总体分析结果

(十一)黑河市生态文明建设公众满意度总体分析结果

统计结果显示，黑河市居民对本地生态文明建设公众满意度持中间态度，满意占比在 10% 左右，不满意占比在 1% 左右，大多数黑河市居民都持中间态度。黑河市居民希望当地政府能够加大生态文明建设的投入力度。具体情况如图 6-63 所示：

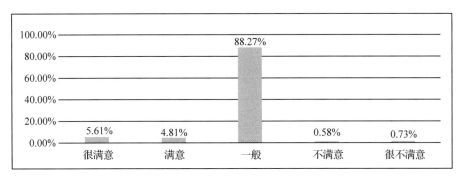

图 6-63　黑河市生态文明建设公众满意度总体分析结果

(十二)绥化市生态文明建设公众满意度总体分析结果

统计结果显示，绥化市生态文明建设公众满意度较高，满意的占比在 60% 左右，不满意的占比仅有 9% 左右。绥化市居民对当地政府生态文明建设工作总体较为认可，对生活环境也比较满意。具体情况如图 6-64 所示：

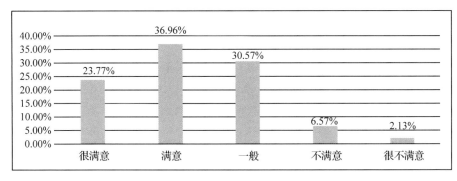

图 6-64　绥化市生态文明建设公众满意度总体分析结果

(十三)大兴安岭地区生态文明建设公众满意度总体分析结果

统计结果显示，大兴安岭地区生态文明建设公众满意度非常高，满意的占比达到 76% 左右。不满意的占比只有 4% 左右。大兴安岭地区居民对本地区的空气质量、水质量都非常满意，认为当地政府非常重视生态文明建设工作。具体情况如图 6-65 所示：

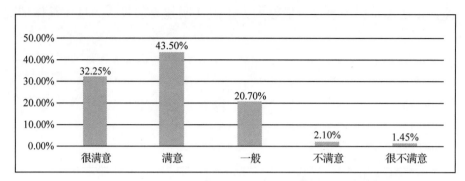

图 6-65 大兴安岭地区生态文明建设公众满意度总体分析结果

第三节 公众满意度对比分析

(一)黑龙江省各地市生态文明建设公众满意度情况

根据对黑龙江省各地市生态文明建设的二级指标进行分析，现已得出黑龙江省 13 个地市生态文明建设公众满意度的五个等级的百分比。具体情况如表 6-1 所示：

表 6-1 各地市生态文明建设公众满意度情况

序号	地市名称	很满意	满意	一般	不满意	很不满意
1	哈尔滨	27.63%	27.97%	30.51%	9.16%	4.73%
2	齐齐哈尔	31.55%	37.14%	26.28%	3.06%	1.97%
3	牡丹江	26.93%	28.90%	38.07%	4.87%	1.23%
4	佳木斯	20.16%	38.28%	34.83%	5.94%	0.79%
5	大庆	12.20%	28.89%	34.21%	18.49%	6.21%
6	鸡西	16.90%	29.57%	43.56%	8.20%	1.77%
7	双鸭山	14.82%	33.38%	41.31%	6.44%	4.05%
8	伊春	19.40%	25.12%	19.70%	18.45%	17.33%
9	七台河	10.03%	30.33%	45.27%	8.96%	5.41%
10	鹤岗	27.14%	39.67%	28.14%	3.75%	1.30%
11	黑河	5.61%	4.81%	88.27%	0.58%	0.73%
12	绥化	23.77%	36.96%	30.57%	6.57%	2.13%
13	大兴安岭	32.25%	43.50%	20.70%	2.10%	1.45%

(二)黑龙江省各地市生态文明建设公众满意度排序

为了对黑龙江省各地市生态文明建设公众满意度进行对比，采用了科学的分析方法，方法如下：

首先将生态文明建设公众满意度评价的五个等级选项进行赋值，即，将"很满意"赋值为 10 分，"满意"赋值为 8 分，"一般"赋值为 6 分，"不满意"赋值为 3 分，"很不满意"赋值为 0 分。

生态文明建设公众满意度的计算公式是：满意度＝"很满意"比例×10 分＋"满意"比例×8 分＋"一般"比例×6 分＋"不满意"比例×3 分＋"很不满意"比例×0 分。通过分析，得出了黑龙江省各地市生态文明建设公众满意度的汇总情况、排序情况，并与 2019 年和 2018 年的黑龙江省各地市生态文明建设公众满意度进行了对比。具体情况如表 6-2、表 6-3 所示：

表 6-2　黑龙江省各地市生态文明建设公众满意度汇总列表

时间：2020 年、2019 年、2018 年

排序	地市名称	满意度（2020 年）	满意度（2019 年）	满意度（2018 年）
1	哈尔滨	7.11	6.45	6.70
2	齐齐哈尔	7.79	6.59	6.28
3	牡丹江	7.43	6.73	6.88
4	佳木斯	7.35	5.91	6.73
5	大庆	6.13	6.13	5.52
6	鸡西	6.92	6.90	5.84
7	双鸭山	6.82	5.74	6.60
8	伊春	5.69	7.08	7.30
9	七台河	6.41	6.20	6.63
10	鹤岗	7.69	5.78	7.34
11	黑河	6.26	6.91	8.28
12	绥化	7.37	6.24	6.19
13	大兴安岭	8.01	7.59	7.79
14	合计	90.98	84.25	88.08

表 6-3　黑龙江省各地市生态文明建设公众满意度排序列表

时间：2020 年、2019 年、2018 年

排序（2020 年）	地市名称	满意度	排序（2019 年）	地市名称	满意度	排序（2018 年）	地市名称	满意度
1	大兴安岭	8.01	1	大兴安岭	7.59	1	黑河	8.28
2	齐齐哈尔	7.79	2	伊春	7.08	2	大兴安岭	7.79

（续）

排序 （2020年）	地市名称	满意度	排序 （2019年）	地市名称	满意度	排序 （2018年）	地市名称	满意度
3	鹤岗	7.69	3	黑河	6.91	3	鹤岗	7.34
4	牡丹江	7.43	4	鸡西	6.90	4	伊春	7.30
5	绥化	7.37	5	牡丹江	6.73	5	牡丹江	6.88
6	佳木斯	7.35	6	齐齐哈尔	6.59	6	佳木斯	6.73
7	哈尔滨	7.11	7	哈尔滨	6.45	7	哈尔滨	6.70
8	鸡西	6.92	8	绥化	6.24	8	七台河	6.63
9	双鸭山	6.82	9	七台河	6.20	9	双鸭山	6.60
10	七台河	6.41	10	大庆	6.13	10	齐齐哈尔	6.28
11	黑河	6.26	11	佳木斯	5.91	11	绥化	6.19
12	大庆	6.13	12	鹤岗	5.78	12	鸡西	5.84
13	伊春	5.69	13	双鸭山	5.74	13	大庆	5.52

通过对 2020 年、2019 年和 2018 年，黑龙江省各地市三个年度的生态文明建设公众满意度进行对比，得出的结论是：黑龙江生态文明建设公众满意度，2020 年是上升状态，2018 年的满意度总分是 88.08 分，2019 年的满意度总分是 84.24 分，2020 年的满意度总分是 90.98 分。黑龙江生态文明建设工作，取得了显著的成效。从各地市三个年度的对比来看，大兴安岭地区、哈尔滨市、牡丹江市，这三个地市的生态文明建设公众满意度比较稳定。齐齐哈尔市、绥化市，这两个地市的生态文明建设公众满意度是逐年上升的态势，七台河、黑河市，这两个地市的生态文明建设公众满意度是逐年下降的态势，鹤岗市、佳木斯市、鸡西市、双鸭山、大庆市、伊春市，这几个地市的生态文明建设公众满意度波动比较大。

第四节　对策和建议

党的十九大报告指出，建设生态文明是中华民族永续发展的千年大计。我们要建设的现代化是人与自然和谐共生的现代化，既要创造更多物质财富和精神财富以满足人民日益增长的美好生活需要，也要提供更多优质生态产品以满足人民日益增长的优美生态环境需要。党的十九大报告为生态文明建设和绿色发展指明了方向、规划了路线。黑龙江省非常重视生态文明建设工作，生态文明建设近几年也取得了新突破。生产生活方式绿色转型成效显著，北方生态屏障功能进一步提升，生态环境更加优良。通过对黑龙江省 13 个地市进行了三年的生态文明建设公众满意度调研和数据分析，三个年份各地市数据的对比情况，直观清晰地反映出了黑龙江省整体及其各地市生态文明建设的发展的趋势，为推动黑龙江省生态文明建设提供有益的参考和借鉴。根据黑龙江省生态文明建设公众满意度实地调研和综合分析结果，对黑龙江省生态文明建设的对策和建议如下：

一、加快形成绿色发展方式

良好的生态环境是黑龙江省的突出特色和优势，也是未来发展的巨大潜力。生态文明建设是一项系统工程，要坚持绿色发展理念，协同推进高质量发展和生态环境高水平保护，促进经济社会发展全面绿色转型，催动黑龙江省踏上新的振兴之路，建成生态强省。从三年度的数据分析来看，黑龙江省整体和 13 个地市的生态文明建设取得了一些成绩，但也存在一些问题。尤其是公民认为黑龙江省的生态文明建设工作，需要进一步加强。尤其是在寻求经济发展和生态文明建设中，寻求平衡。

建设绿色低碳的工业体系、建筑体系和流通体系，加快绿色金融发展和绿色技术创新，推动绿色环保产业成长为支柱型产业，建设人与自然和谐共生的现代化。开展绿色生活创建行动，培养节约习惯，普遍推行垃圾分类和资源化利用。各地市应该根据自身的实际情况，统筹规划、因地制宜，通过保护绿色生态、开发绿色经济，不断推进生态文明建设，使生态文明建设公众满意度不断提升。

二、因地制宜进行生态文明建设

生态文明建设公众满意度的调研结果显示，黑龙江省 13 个地市的生态文明建设重点和难点存在很大差异。有一些地市的生态文明建设具有得天独厚的地理位置和自然资源优势，比如：大兴安岭地区，森林覆盖面积大，工业污染少，生态文明建设公众满意度，2018 年排名是第 2 位，2019 年和 2020 年的排名都是第 1 位。七台河市有"焦煤之都"之称，是老工业区，城市的空气质量问题比较严重。这种资源型城市居民对生态文明建设的满意度相对较低。七台河市的生态文明建设公众满意度是逐年下降的态势，2018 年排在第 8 位，2019 年排在第 9 位，2020 年排在第 10 位，近三年的满意度都不是很高，平均值在 6.41 左右。

所以，各地市应该根据经济发展的情况和水平以及本地实际情况，开展具有针对性和攻坚意义的生态文明建设。

三、推进垃圾分类处理工作

根据三个年度的调查结果显示，各地市居民对生活环境改善的满意度普遍不是很高，在实地调研走访的过程中，一些地市的居民希望政府能够加大生态文明建设工作的投入力度，切实解决生态文明建设的硬件设施，为居民的生态提供物质保障，尤其是垃圾分类处理工作应该加紧推动。大多数居民对生活垃圾集中处理，对生活垃圾收集设施和分类处理表示不满意。实行垃圾分类，关系广大人民群众生活环境，关系节约使用资源，是社会文明水平的一个重要体现。黑龙江省应该积极推进垃圾分类处理工作，形成以法治为基础、政府推动、全民参与、城乡统筹、因地制宜的垃圾分类制度，努力提高垃圾分类制度覆盖范围。

四、健全生态文明制度体系

深入贯彻党的十九大精神，牢固树立和践行绿水青山就是金山银山的理念，坚持以改善环境质量为核心，不断满足人民日益增长的美好生活需要。坚持在保护中开发，在开发中保护。经济发展必须遵循自然规律，承载能力，绝不允许以牺牲生态环境为代价，换取眼前的和局部的经济利益。严格生态保护责任，完善生态文明绩效评价考核体系，有效提升生态环境治理水平。坚持谁开发谁保护，谁破坏谁恢复，谁使用谁付费制度。要明确生态环境保护的权、责、利，充分运用法律、经济、行政和技术手段保护生态环境。健全自然资源监管体制，开展生态系统保护成效监测评估，完善自然资源资产负债表核算制度，健全资源有偿使用制度，完善资源价格形成机制。

参考文献

[1]许先春. 习近平生态文明思想的科学内涵与战略意义[J]. 人民论坛, 2019(33): 98-101.

[2]周光迅, 郑珺. 习近平绿色发展理念的重大时代价值[J]. 自然辩证法研究, 2020, 36(03): 116-121.

[3]许国斌. 践行绿色发展理念 加强生态文明建设[J]. 人民论坛, 2019(09): 54-55.

[4]罗虎在. 坚定不移走生态优先绿色发展之路[J]. 中国党政干部论坛, 2019(08): 89-90.

[5]刘经纬等. 中国生态文明建设理论研究[M]. 北京: 人民出版社. 2019.

[6]张涛. 新时代中国特色社会主义绿色发展观研究[J]. 内蒙古社会科学(汉文版), 2018, 39(01): 10-16.

[7]张治忠. 马克思主义绿色发展观的结构体系[J]. 中南林业科技大学学报(社会科学版), 2015, 9(03): 17-23, 43.

[8]田文富. 环境伦理与绿色发展的生态文明意蕴及其制度保障[J]. 贵州师范大学学报(社会科学版), 2014(03): 70-75.

后　记

　　《2020黑龙江省生态文明建设发展报告》由黑龙江省生态文明建设与绿色发展智库首席专家、东北林业大学刘经伟教授总体设计、策划统筹，智库专家刘伟杰副教授负责统稿。第一部分黑龙江省各地市生态文明建设总体评价，执笔人刘伟杰；第二部分第一章黑龙江省各地市生态资源利用情况，执笔人张舒；第二章黑龙江省各地市生态环境保护情况，执笔人王晶；第三章黑龙江省各地市生态文明建设政府重视情况，执笔人郭岩；第四章黑龙江省各地市生态文明教育情况，执笔人张博；第五章黑龙江省各地市生态文明建设公众参与情况，执笔人董丽娇；第六章黑龙江省各地市生态文明建设公众满意度，执笔人林美群。

　　调研获得了东北林业大学暑期"三下乡"社会实践部分师生的大力支持，在此，致以诚挚的谢意。

　　基金项目：中央高校科研业务费科技平台持续发展专项"黑龙江省城市生态文明建设发展评价研究"（项目编号：2572018CP02）；中央高校基本科研业务费专项资金项目(哲学社会科学繁荣计划主题研究项目)"习近平生态社会治理重要论述研究"（项目编号：2572020DZ02）。